□全国优秀畅销书

新编常用材料计算手册

（第2版）

杨广钧　编

中国宇航出版社

·北京·

图书在版编目(CIP)数据

新编常用材料计算手册(第2版)/杨广钧编.—北京:中国宇航出版社,2008.5

ISBN 978-7-80144-397-7

Ⅰ.新…　Ⅱ.杨　Ⅲ.工程材料-技术手册　Ⅳ.TB3-62

中国版本图书馆CIP数据核字(2001)第073947号

策划编辑　易　新　　封面设计　03工舍

责任编辑　易　新　　责任校对　王　妍

出　版
发　行　中国宇航出版社

社　址　北京市阜成路8号　　邮　编　100830

网　址　www.caphbook.com/www.caphbook.com.cn

经　销　新华书店

发行部　(010)68371900　(010)88530478(传真)

　　　　(010)68768541　(010)68767294(传真)

零售店　读者服务部　北京宇航文苑

　　　　(010)68371105　(010)62529336

承　印　北京智力达印刷有限公司

版　次　2008年5月第2版

　　　　2012年6月第14次印刷

规　格　787×1092

开　本　1/64

印　张　7.125

字　数　230千字

书　号　ISBN 978-7-80144-397-7

定　价　16.00元

本书如有印装质量问题,可与发行部联系调换

第2版 前 言

《新编常用材料计算手册》自2001年11月出版以来已9次印刷,共计印数逾7万册。深受广大读者欢迎。该书被评为全国优秀畅销书。

随着建筑材料科学研究的发展和建筑业对新材料的需求,新材料、新产品不断问世,国家制定出了新标准,对已使用的某些标准也随情况变化作了定期修订。为适应这一变化,这次出版按照现行标准对《新编常用材料计算手册》进行了修订和补充。例如,对重轨(新标准改名为铁路用热轧钢轨)、圆钢、方钢、六角钢、异型无缝钢管(新标准改名为冷拔异型钢管)、低压流体输送用焊接钢管和镀锌钢管、钢丝绳、胶合板尺寸公差、刨花板、细木工板、车用汽油、烧结普通砖等内容按新标准进行了修订，其中，冷拔异型钢管增加了椭圆形、平椭圆形、内六角形、直角梯形钢管规格、理论质量及理论质量计算公式等内容；低压流体输送用焊接钢管增加了公称外径大于168.3 mm 钢管的公称外径、公称壁厚、理论质量和理论质量计算公式等内容。书中补充了热轧 H 型钢和剖分 T 型钢、冷弯角钢和槽钢、结构用冷弯空心型钢、天然石材统一编号、抗硫酸盐硅酸盐水泥、中热硅酸盐水泥、低热硅酸盐水泥、低热矿渣硅酸盐水泥、白色硅酸盐水泥、砌筑水泥、水泥代号（本书内所列水泥）等内容。由于适用性不强和篇幅有限等原因，删去了热轧窗框钢、钢窗用异型钢管等方面的内容。

借本次出版之际，对读者指出的书中不当之处，已作了订正；对读者提出增加内容的要求，基本给予了满足；对读者的关心和支持深表谢意。

希望广大读者使用本书之后，对书中不当之处给予批评、指正，提出宝贵意见。

编　者

2008 年 5 月

第1版　前　言

《常用材料计算手册》自1988年出版以来已6次印刷，累计印数达23万册。但由于近几年来国家新颁布的标准较多，手册中的不少数据已过时，需要重新修订，因此这次出版了经过修订的《新编常用材料计算手册》。

《新编常用材料计算手册》根据国家现行标准对《常用材料计算手册》进行了系统的修改和增删。例如对混凝土用热轧钢筋、低压流体输送用焊接钢管、低压流体输送用镀锌钢管、水泥等的数据按国家标准进行了更改；增加了L型钢、建筑用轻钢龙骨、石膏板、细木工板、刨花板、车用汽油、建筑排水用聚氯乙烯管材等资料；由于篇幅有限，删去了电线等方面的内容；对书中所列材料的代号、单位等也按照国家标准进行了统一修改。

由于本人水平有限，书中可能仍有不当之处，敬请广大读者指正。

编　者

2001 年 10 月

目　录

第一部分　金属和有色金属材料

第二部分　非金属材料

第三部分　阀门和五金

第四部分　常用资料

第一部分

金属和有色金属材料

大、中、小型型钢和钢板规格范围

mm

型别	工字钢、槽钢、H 型钢（高度）	圆、螺纹、方、六角、八角钢（直径、边宽、对边距离）	扁钢（宽）
大型型钢	≥180	≥81	≥101
中型型钢	<180	38～80	60～100
小型型钢	—	≤37（圆钢 10～37）	≤59
型别	等边角钢（边宽）	不等边角钢（长边×短边）	L 型钢（高×宽）
大型型钢	≥160	≥160×100	≥250×90
中型型钢	50～140	63×40～140×90	—
小型型钢	20～45	25×16～56×36	—
钢板	薄钢板厚度≤4，中厚钢板厚度>4		

钢材理论质量的计算方法

一、基本公式

$$W = FLg \div 1\ 000$$

式中　W——质量,kg；　F——断面积,mm^2；

　　　L——长度,m；　g——密度,g/cm^3。

二、钢材断面积的计算公式表

项目	钢材类别	断面积计算公式	符号说明
1	方钢	$F = a^2$	a——边宽
2	圆角方钢	$F = a^2 - 0.858\ 4r^2$	a——边宽;r——圆角半径
3	钢板、扁钢、带钢	$F = a\delta$	a——边宽;δ——厚度
4	圆角扁钢	$F = a\delta - 0.858\ 4r^2$	a——边宽;δ——厚度; r——圆角半径
5	圆钢、圆盘条、钢丝	$F = 0.785\ 4d^2$	d——直径
6	六角钢	$F = 0.866a^2 = 2.598s^2$	a——对边距离;s——边宽
7	八角钢	$F = 0.828\ 4a^2 = 4.828\ 4s^2$	

续 表

项目	钢材类别	断面积计算公式	符号说明
8	钢管	$F=3.1416\delta(D-\delta)$	D——外径;δ——壁厚
9	等边角钢	$F=d(2b-d)+$ $0.2146(r^2-2r_1^2)$	d——边厚;b——边宽; r——内面圆角半径; r_1——端边圆角半径
10	不等边角钢	$F=d(B+b-d)+$ $0.2146(r^2-2r_1^2)$	d——边厚;B——长边宽; b——短边宽; r——内面圆角半径; r_1——端边圆角半径
11	工字钢	$F=hd+2t(b-d)+$ $0.8584(r^2-r_1^2)$	h——高度;b——腿宽; d——腰厚;t——平均腿厚; r——内面圆角半径; r_1——端边圆角半径
12	槽钢	$F=hd+2t(b-d)+$ $0.4292(r^2-r_1^2)$	

注:①钢材密度一般按 7.85 g/cm^3 计算。

②其他型材如铜材、铝材等一般也可按上表计算。

铁路用热轧钢轨(GB 2585—2007)

型号 kg/m	截面尺寸 mm				理论质量 kg/m	标准钢轨定尺长度 m
	高度	底宽	头宽	腰厚		
38	134	114	68	13.0	38.858	12.5,25,50,100
43	140	114	70	14.5	44.745	
50	152	132	70	15.5	51.653	
60	176	150	73	16.5	60.798	
75	192	150	75	20.0	74.604	

起重机钢轨(GB 3426—1982)

型号	截面尺寸 mm				理论质量 kg/m	长度 m
	高度	底宽	头宽	腰厚		
QU70	120	120	70	28	52.80	9,9.5,10,10.5,11,11.5,12,12.5
QU80	130	130	80	32	63.69	
QU100	150	150	100	38	88.96	
QU120	170	170	120	44	118.10	

轻　轨(GB 11264—1989)

一、轻轨截面尺寸和理论质量

型　号 kg/m	截面尺寸 mm							理论质量 kg/m
	轨　高	底　宽	头　宽	头　高	腰　高	底　高	腰　厚	
9	63.50	63.50	32.10	17.48	35.72	10.30	5.90	8.94
12	69.85	69.85	38.10	19.85	37.70	12.30	7.54	12.20
15	79.37	79.37	42.86	22.22	43.65	13.50	8.33	15.20
22	93.66	93.66	50.80	26.99	50.00	16.67	10.72	22.30
30	107.95	107.95	60.33	30.95	57.55	19.45	12.30	30.10

二、轻轨的长度

型　号 kg/m	长　度 m
9	7.0,6.5,6.0,5.5,5.0
12,15	10.0,9.5,9.0,8.5,8.0,7.5,7.0,6.5,6.0
22,30	10.0,9.5,9.0,8.5,8.0,7.5,7.0

注:①交货长度应在合同中注明。

②不小于4 m的短尺轻轨的交货量不得大于该批总量的3%。

轻轨用接头夹板(GB 11265—1989)

型 号 kg/m	主要尺寸 mm			孔 数 个	理论质量 kg/块
	长 度	高 度	孔 径		
9	385	43.13	14	4	0.81
12	409	46.50	14	4	1.39
15	409	53.54	18	4	2.20
22	510	61.73	22	4	3.80
30	561	71.48	22	4	5.54

轻轨用垫板(GB 11266—1989)

型　号 kg/m	主要尺寸 mm		理论质量 kg/块
	长　度	宽　度	
15	180	100	1.5
22	200	120	2.2
30	220	130	2.7

注:垫板按理论质量交货。经供需双方协商并在合同中注明,也可以按实际质量交货。

钢轨用高强度接头螺栓、螺母(GB 5098—1985)

螺栓性能等级	主要尺寸 mm			理论质量 kg/个		附注
	螺栓直径	螺栓长度	螺纹长度	螺栓	螺母	
10.9	24	135	60	0.554	0.137	用于60 kg/m 钢轨接头
	24	145	60	0.584	0.137	用于50 kg/m 钢轨接头
8.8	24	145	60	0.541	0.137	用于50 kg/m 短轨线路接头
	22	135	50	0.432	0.135	用于43 kg/m 钢轨接头

重轨用鱼尾板(GB 184—1963,GB 185—1963)

型号 kg/m	孔数 个	主要尺寸 mm			理论质量 kg/块	
		长度	高度	厚度	未扣除螺栓孔	扣除螺栓孔
50	6	820	104.22	46	19.29	18.72
38,43	6	790	94.03	40	16.09	15.57

重轨用垫板(GB 186—1963,GB 187—1963)

型　号 kg/m	肩　别	主要尺寸 mm		理论质量 kg/块	
		长	宽	未扣除道钉孔	扣除道钉孔
50	双肩	310	160	6.03	5.80
38,43	双肩	290	160	5.48	5.25

重轨用道钉、垫圈

型　号 kg/m	道　钉		垫　圈
	长　度 mm	理论质量 kg/个	理论质量 kg/个
50	145	0.378	0.078
38,43	145	0.378	0.050

热轧工字钢(GB 706—1988)

型号	尺寸(高×腿宽×腰厚) mm	理论质量 kg/m	型号	尺寸(高×腿宽×腰厚) mm	理论质量 kg/m
10	100×68×4.5	11.261	32b	320×132×11.5	57.741
12.6	126×74×5.0	14.223	32c	320×134×13.5	62.765
14	140×80×5.5	16.890	36a	360×136×10.0	60.037
16	160×88×6.0	20.513	36b	360×138×12.0	65.689
18	180×94×6.5	24.143	36c	360×140×14.0	71.341
20a	200×100×7.0	27.929	40a	400×142×10.5	67.598
20b	200×102×9.0	31.069	40b	400×144×12.5	73.878
22a	220×110×7.5	33.070	40c	400×146×14.5	80.158
22b	220×112×9.5	36.524	45a	450×150×11.5	80.420
25a	250×116×8.0	38.105	45b	450×152×13.5	87.485
25b	250×118×10.0	42.030	45c	450×154×15.5	94.550
28a	280×122×8.5	43.492	50a	500×158×12.0	93.654
28b	280×124×10.5	47.888	50b	500×160×14.0	101.504
32a	320×130×9.5	52.717	50c	500×162×16.0	109.354

续　表

型号	尺寸(高×腿宽×腰厚) mm	理论质量 kg/m	型号	尺寸(高×腿宽×腰厚) mm	理论质量 kg/m
56a	560×166×12.5	106.316	*27b	270×124×10.5	47.064
56b	560×168×14.5	115.108	*30a	300×126×9.0	48.084
56c	560×170×16.5	123.900	*30b	300×128×11.0	52.794
63a	630×176×13.0	121.407	*30c	300×130×13.0	57.504
63b	630×178×15.0	131.298	*55a	550×166×12.5	105.335
63c	630×180×17.0	141.189	*55b	550×168×14.5	113.970
*12	120×74×5.0	13.987	*55c	550×170×16.5	122.605
*24a	240×116×8.0	37.477			
*24b	240×118×10.0	41.245			
*27a	270×122×8.5	42.825			

注:①工字钢按理论质量或实际质量交货。

②根据协议,工字钢每米质量允许偏差不超过$^{+3}_{-5}$%。

③*为不推荐使用产品,经供需双方协议,可以生产供应。

热轧槽钢(GB 707—1988)

型号	尺寸(高×腿宽×腰厚) mm	理论质量 kg/m	型号	尺寸(高×腿宽×腰厚) mm	理论质量 kg/m
5	50×37×4.5	5.438	22a	220×77×7.0	24.999
6.3	63×40×4.8	6.634	22	220×79×9.0	28.453
8	80×43×5.0	8.045	25a	250×78×7.0	27.410
10	100×48×5.3	10.007	25b	250×80×9.0	31.335
12.6	126×53×5.5	12.318	25c	250×82×11.0	35.260
14a	140×58×6.0	14.535	28a	280×82×7.5	31.427
14b	140×60×8.0	16.733	28b	280×84×9.5	35.823
16a	160×63×6.5	17.240	28c	280×86×11.5	40.219
16	160×65×8.5	19.752	32a	320×88×8.0	38.083
18a	180×68×7.0	20.174	32b	320×90×10.0	43.107
18	180×70×9.0	23.000	32c	320×92×12.0	48.131
20a	200×73×7.0	22.637	36a	360×96×9.0	47.814
20	200×75×9.0	25.777	36b	360×98×11.0	53.466

续　表

型号	尺寸(高×腿宽×腰厚) mm	理论质量 kg/m	型号	尺寸(高×腿宽×腰厚) mm	理论质量 kg/m
36c	360×100×13.0	59.118	*27a	270×82×7.5	30.838
40a	400×100×10.5	58.928	*27b	270×84×9.5	35.077
40b	400×102×12.5	65.208	*27c	270×86×11.5	39.316
40c	400×104×14.5	71.488	*30a	300×85×7.5	34.463
*6.5	65×40×4.3	6.709	*30b	300×87×9.5	39.173
*12	120×53×5.5	12.059	*30c	300×89×11.5	43.883
*24a	240×78×7.0	26.860			
*24b	240×80×9.0	30.628			
*24c	240×82×11.0	34.396			

注：①槽钢按理论质量或实际质量交货。

②根据协议，槽钢每米质量允许偏差不超过$^{+3}_{-5}$%。

③*为不推荐使用产品，经供需双方协议，可以生产供应。

普通低合金钢热轧轻型槽钢

型号	尺寸(高×腿宽×腰厚) mm	理论质量 kg/m	型号	尺寸(高×腿宽×腰厚) mm	理论质量 kg/m
10Q	100×45×4	7.56	20Q	200×75×5	17.94
12Q	120×55×4.2	9.83	22Q	220×80×5.4	20.91
14Q	140×60×4.4	11.52	25Q	250×85×5.8	24.71
16Q	160×65×4.6	13.32	28Q	280×90×6	27.73
18Q	180×70×4.8	15.34	32Q	320×95×6.2	31.49

注:制造钢号为16Mn,16MnCu等。

热轧 L 型钢(GB 9946—1988)

型　号 (腹板高度×面板宽度× 腹板厚度×面板厚度) mm	理论质量 kg/m	型　号 (腹板度度×面板宽度× 腹板厚度×面板厚度) mm	理论质量 kg/m
L 250×90×9×13	26.2	L 450×120×11.5×25	62.4
L 250×90×10.5×15	30.3	L 500×120×12.5×33	77.4
L 250×90×11.5×16	32.7	L 500×120×13.5×35	82.8
L 300×100×10.5×15	35.6		
L 300×100×11.5×16	38.5		
L 350×120×10.5×16	43.1		
L 350×120×11.5×18	47.4		
L 400×120×11.5×23	56.2		

注:L 型钢按理论质量交货,也可按实际质量交货,但应在合同中注明。

热轧 H 型钢和剖分 T 型钢(GB/T 11263—1998)

一、分类和代号

类别		代号
H 型钢	宽翼缘 H 型钢 中翼缘 H 型钢 窄翼缘 H 型钢	HW HM HN
H 型钢桩		HP
剖分 T 型钢	宽翼缘 T 型钢 中翼缘 T 型钢 窄翼缘 T 型钢	TW TM TN

二、质量允许偏差

1) H 型钢、H 型钢桩和剖分 T 型钢按理论质量交货;经供需双方同意并在合同中注明,也可按实际质量交货。

2) 根据需方要求,并在合同中注明,交货质量允许偏差应符合下表的规定。允许偏差的计算方法为实际质量与理论质量之差除以理论质量,以百分率表示。

类　别	质量允许偏差
宽、中、窄翼缘 H 型钢	单根 H 型钢的质量偏差不超过 ±6% 一批交货质量偏差不超过 ±4%
H 型钢桩	不规定
剖分 T 型钢	单根剖分 T 型钢的质量偏差不超过 ±7% 一批交货质量偏差不超过 ±5%

三、型号尺寸和理论质量

(一)H型钢的型号、尺寸和理论质量

代号	型号 $(H \times B)$	截面尺寸 mm			截面面积 cm^2	理论质量 kg/m
		$H \times B$	t_1	t_2		
HW	100×100	100×100	6	8	21.90	17.2
	125×125	125×125	6.5	9	30.31	23.8
	150×150	150×150	7	10	40.55	31.9
	175×175	175×175	7.5	11	51.43	40.3
	200×200	200×200 #200×204	8 12	12 12	64.28 72.28	50.5 56.7
	250×250	250×250 #250×255	9 14	14 14	92.18 104.7	72.4 82.2

续 表

代号	型 号 (H×B)	截面尺寸 mm			截面面积 cm^2	理论质量 kg/m
		H×B	t_1	t_2		
HW	300×300	#294×302	12	12	108.3	85.0
		300×300	10	15	120.4	94.5
		300×305	15	15	135.4	106
	350×350	#344×348	10	16	146.0	115
		350×350	12	19	173.9	137
	400×400	#388×402	15	15	179.2	141
		#394×398	11	18	187.6	147
		400×400	13	21	219.5	172
		#400×408	21	21	251.5	197
		#414×405	18	28	296.2	233
		#428×407	20	35	361.4	284
		*458×417	30	50	529.3	415
		*498×432	45	70	770.8	605

续 表

代号	型号 $(H \times B)$	截面尺寸 mm $H \times B$	t_1	t_2	截面面积 cm^2	理论质量 kg/m
HM	150×100	148×100	6	9	27.25	21.4
	200×150	194×150	6	9	39.76	31.2
	250×175	244×175	7	11	56.24	44.1
	300×200	294×200	8	12	73.03	57.3
	350×250	340×250	9	14	101.5	79.7
	400×300	390×300	10	16	136.7	107
	450×300	440×300	11	18	157.4	124
	500×300	482×300	11	15	146.4	115
		488×300	11	18	164.4	129
	600×300	582×300	12	17	174.5	137
		588×300	12	20	192.5	151
		#594×302	14	23	222.4	175

续　表

代号	型　号 ($H \times B$)	截面尺寸 mm			截面面积 cm^2	理论质量 kg/m
		$H \times B$	t_1	t_2		
HN	100×50	100×50	5	7	12.16	9.54
	125×60	125×60	6	8	17.01	13.3
	150×75	150×75	5	7	18.16	14.3
	175×90	175×90	5	8	23.21	18.2
	200×100	198×99	4.5	7	23.59	18.5
		200×100	5.5	8	27.57	21.7
	250×125	248×124	5	8	32.89	25.8
		250×125	6	9	37.87	29.7
	300×150	298×149	5.5	8	41.55	32.6
		300×150	6.5	9	47.53	37.3
	350×175	346×174	6	9	53.19	41.8
		350×175	7	11	63.66	50.0
	#400×150	#400×150	8	13	71.12	55.8

续 表

代号	型 号 ($H \times B$)	截面尺寸 mm			截面面积 cm^2	理论质量 kg/m
		$H \times B$	t_1	t_2		
HN	400×200	396×199	7	11	72.16	56.7
		400×200	8	13	84.12	66.0
	#450×150	#450×150	9	14	83.41	65.5
	450×200	446×199	8	12	84.95	66.7
		450×200	9	14	97.41	76.5
	#500×150	#500×150	10	16	98.23	77.1
	500×200	496×199	9	14	101.3	79.5
		500×200	10	16	114.2	89.6
		#506×201	11	19	131.3	103
	600×200	596×199	10	15	121.2	95.1
		600×200	11	17	135.2	106
		#606×201	12	20	153.3	120

续 表

代号	型 号 ($H \times B$)	截面尺寸 mm			截面 面积 cm^2	理论 质量 kg/m
		$H \times B$	t_1	t_2		
HN	700×300	#692×300	13	20	211.5	166
		700×300	13	24	235.5	185
	*800×300	*792×300	14	22	243.4	191
		*800×300	14	26	267.4	210
	*900×300	*890×299	15	23	270.9	213
		*900×300	16	28	309.8	243
		*912×302	18	34	364.0	286

注:①#表示的规格为非常用规格。

②*表示的规格,目前国内尚未生产。

③型号属同一范围的产品,其内侧尺寸高度是一致的。

④H型钢的规格标记为高度 H × 宽度 B × 腹板厚度 t_1 × 翼缘厚度 t_2,如H340×250×9×14。

(二)H 型钢桩的型号、尺寸和理论质量

代号	型号 ($H \times B$)	截面尺寸 mm			截面面积 cm^2	理论质量 kg/m
		$H \times B$	t_1	t_2		
HP	200×200	200×204	12	12	72.28	56.7
	250×250	244×252	11	11	82.05	64.4
		250×255	14	14	104.7	82.2
	300×300	294×302	12	12	108.3	85.0
		300×300	10	15	120.4	94.5
		300×305	15	15	135.4	106
	350×350	338×351	13	13	135.3	106
		344×354	16	16	166.6	131
		350×350	12	19	173.9	137
		350×357	19	19	198.4	156
	400×400	388×402	15	15	179.2	141
		394×405	18	18	215.2	169
		400×400	13	21	219.5	172

续 表

代号	型　号 $(H \times B)$	截面尺寸 mm			截面面积 cm^2	理论质量 kg/m
		$H \times B$	t_1	t_2		
HP	400×400	400×408	21	21	251.5	197
		414×405	18	28	296.2	233
		428×407	20	35	361.4	284
	*500×500	*492×465	15	20	260.5	204
		*502×465	15	25	307.0	241
		*502×470	20	25	332.1	261

注:①*表示的规格,目前国内尚未生产。

②型号属同一范围的产品,其内侧尺寸高度是一致的。

③H型钢桩的规格标记为高度 H×宽度 B×腹板厚度 t_1×翼缘厚度 t_2,如H300×305×15×15。

(三)剖分T型钢的型号、尺寸和理论质量

代号	型号 $(h \times B)$	截面尺寸 mm				截面面积 cm^2	理论质量 kg/m
		h	B	t_1	t_2		
TW	50×100	50	100	6	8	10.95	8.56
	62.5×125	62.5	125	6.5	9	15.16	11.9
	75×150	75	150	7	10	20.28	15.9
	87.5×175	87.5	175	7.5	11	25.71	20.2
	100×200	100	200	8	12	32.14	25.2
		#100	204	12	12	36.14	28.3
	125×250	125	250	9	14	46.09	36.2
		#125	255	14	14	52.34	41.1
	150×300	#147	302	12	12	54.16	42.5
		150	300	10	15	60.22	47.3
		150	305	15	15	67.72	53.1

续 表

代号	型号 ($h \times B$)	截面尺寸 mm				截面面积 cm^2	理论质量 kg/m
		h	B	t_1	t_2		
TW	175×350	#172	348	10	16	73.00	57.3
		175	350	12	19	86.94	68.2
	200×400	#194	402	15	15	89.62	70.3
		#197	398	11	18	93.80	73.6
		200	400	13	21	109.7	86.1
		#200	408	21	21	125.7	98.7
		#207	405	18	28	148.1	116
		#214	407	20	35	180.7	142
TM	74×100	74	100	6	9	13.63	10.7
	97×150	97	150	6	9	19.88	15.6
	122×175	122	175	7	11	28.12	22.1
	147×200	147	200	8	12	36.52	28.7
	170×250	170	250	9	14	50.76	39.9

续 表

代号	型 号 $(h \times B)$	截面尺寸 mm				截面面积 cm^2	理论质量 kg/m
		h	B	t_1	t_2		
TM	200×300	195	300	10	16	68.37	53.7
	220×300	220	300	11	18	78.69	61.8
	250×300	241	300	11	15	73.23	57.5
		244	300	11	18	82.23	64.5
	300×300	291	300	12	17	87.25	68.5
		294	300	12	20	96.25	75.5
		#297	302	14	23	111.2	87.3
TN	50×50	50	50	5	7	6.079	4.79
	62.5×60	62.5	60	6	8	8.499	6.67
	75×75	75	75	5	7	9.079	7.14
	87.5×90	87.5	90	5	8	11.60	9.11
	100×100	99	99	4.5	7	11.80	9.26
		100	100	5.5	8	13.79	10.8

续 表

代号	型 号 (h×B)	截面尺寸 mm				截面面积 cm^2	理论质量 kg/m
		h	B	t_1	t_2		
TN	125×125	124	124	5	8	16.45	12.9
		125	125	6	9	18.94	14.8
	150×150	149	149	5.5	8	20.77	16.3
		150	150	6.5	9	23.76	18.7
	175×175	173	174	6	9	26.60	20.9
		175	175	7	11	31.83	25.0
	200×200	198	199	7	11	36.08	28.3
		200	200	8	13	42.06	33.0
	225×200	223	199	8	12	42.54	33.4
		225	200	9	14	48.71	38.2
	250×200	248	199	9	14	50.64	39.7
		250	200	10	16	57.12	44.8
		#253	201	11	19	65.65	51.5

续 表

代号	型 号 (h×B)	截面尺寸 mm				截面面积 cm^2	理论质量 kg/m
		h	B	t_1	t_2		
TN	300×200	298 300 #303	199 200 201	10 11 12	15 17 20	60.62 67.60 76.63	47.6 53.1 60.1

注:①#表示的规格为非常用规格。

②剖分T型钢的规格标记为高度 h×宽度 B×腹板厚度 t_1×翼缘厚度 t_2,如T248×199×9×14。

冷弯角钢和槽钢(GB 6723—1986)

一、分类和代号

类　别	代　号
冷弯等边角钢	└
冷弯不等边角钢	L
冷弯等边槽钢	⊏
冷弯不等边槽钢	⊏

二、型钢的尺寸和理论质量

1)型钢通常长度为4~9 m。经供需双方协议,可供应其他长度的型钢。

2)型钢允许供应长度不小于2 m的短尺,但其质量不得大于该批交货质量的5%。

3)型钢以实际质量交货,也可以理论质量交货。

(一)冷弯等边角钢的尺寸和理论质量

尺寸(边宽×边厚) mm	理论质量 kg/m	尺寸(边宽×边厚) mm	理论质量 kg/m
20×1.2	0.354	30×2.5	1.081
20×1.6	0.463	30×3.0	1.274
20×2.0	0.566	40×1.6	0.965
25×1.6	0.588	40×2.0	1.194
25×2.0	0.723	40×2.5	1.473
25×2.5	0.885	40×3.0	1.745
25×3.0	1.039	40×4.0	2.266
30×1.6	0.714	50×2.0	1.508
30×2.0	0.880	50×2.5	1.866

续 表

尺寸(边宽×边厚) mm	理论质量 kg/m	尺寸(边宽×边厚) mm	理论质量 kg/m
50×3.0	0.216	80×3.0	3.629
50×4.0	2.894	80×4.0	4.778
60×2.0	1.822	80×5.0	5.895
60×2.5	2.258	80×6.0	6.982
60×3.0	2.687	100×3.0	4.571
60×4.0	3.522	100×4.0	6.034
70×3.0	3.158	100×5.0	7.465
70×4.0	4.150	100×6.0	8.866
70×5.0	5.110		

(二)冷弯不等边角钢的尺寸和理论质量

尺寸 (长边宽×短边宽×边厚) mm	理论质量 kg/m	尺寸 (长边宽×短边宽×边厚) mm	理论质量 kg/m
25×15×2.0	0.566	35×20×2.5	0.983
25×15×2.5	0.688	35×20×3.0	1.156
25×15×3.0	0.803	40×25×2.5	1.179
30×20×2.0	0.723	40×25×3.0	1.392
30×20×2.5	0.885	50×30×2.5	1.473
30×20×3.0	1.039	50×30×3.0	1.745
35×20×2.0	0.802	50×30×4.0	2.266
60×40×2.5	1.866	100×60×3.0	3.629

续 表

尺 寸 (长边宽×短边宽×边厚) mm	理论质量 kg/m	尺 寸 (长边宽×短边宽×边厚) mm	理论质量 kg/m
60×40×3.0	2.216	100×60×4.0	4.778
60×40×4.0	2.894	100×60×5.0	5.895
70×40×3.0	2.452	120×80×4.0	6.034
70×40×4.0	3.208	120×80×5.0	7.465
80×50×3.0	2.923	120×80×6.0	8.866
80×50×4.0	3.836		

(三)冷弯等边槽钢的尺寸和理论质量

尺寸(高×边×厚) mm	理论质量 kg/m	尺寸(高×边×厚) mm	理论质量 kg/m
20×10×1.5	0.401	50×30×2.0	1.604
20×10×2.0	0.505	50×30×2.5	1.967
20×10×2.5	0.593	50×30×3.0	2.314
30×10×1.5	0.519	50×50×3.0	3.256
30×10×2.0	0.662	60×30×2.5	2.163
30×10×2.5	0.789	60×30×3.0	2.549
30×30×3.0	1.843	80×40×2.5	2.948
40×20×2.0	1.133	80×40×3.0	3.491
40×20×2.5	1.378	80×40×4.0	4.532
40×20×3.0	1.607	100×50×3.0	4.433

续 表

尺寸(高×边×厚) mm	理论质量 kg/m	尺寸(高×边×厚) mm	理论质量 kg/m
100×50×4.0	5.788	160×80×3.0	7.259
120×60×3.0	5.375	160×80×4.0	9.556
120×60×4.0	7.044	160×80×5.0	11.791
140×60×3.0	5.846	180×80×4.0	10.184
140×60×4.0	7.672	180×80×5.0	12.576
140×60×5.0	9.436	200×80×4.0	10.812
160×60×3.0	6.317	200×80×5.0	13.361
160×60×4.0	8.300	200×80×6.0	15.849
160×60×5.0	10.221		

（四）冷弯不等边槽钢的尺寸和理论质量

尺寸(高×长边×短边×厚) mm	理论质量 kg/m	尺寸(高×长边×短边×厚) mm	理论质量 kg/m
30×20×10×3.0	1.180	70×65×35×2.5	3.174
40×32×20×3.0	1.934	75×30×15×2.5	2.193
50×32×20×2.5	1.840	75×30×15×3.0	2.593
50×32×20×3.0	2.169	80×40×20×2.5	2.586
50×50×32×2.5	2.429	80×40×20×3.0	3.064
60×32×25×2.5	2.134	100×60×30×3.0	4.242
60×32×25×3.0	2.523	150×60×50×3.0	5.890
70×45×15×3.0	2.829		

结构用冷弯空心型钢(GB/T 6728—2002)

一、分类和代号

型钢按外形形状分为圆形、方形、矩形和异型冷弯空心型钢。

类　别	简　称	代　号
圆形冷弯空心型钢	圆管	Y
方形冷弯空心型钢	方管	F
矩形冷弯空心型钢	矩管	J
异形冷弯空心型钢	异型管	YI

二、允许偏差

1)冷弯型钢壁厚的允许偏差,当壁厚不大于10 mm时不得超过公称壁厚的±10%;当壁厚大于10 mm时为壁厚的±8%,弯角及焊缝区壁厚除外。

2)冷弯型钢弯曲度的偏差不得大于±1.5°。

3)冷弯型钢的实际质量与理论质量的允许偏差为$^{+10}_{-6}$%。

4)长度允许偏差如下表所示。

mm

定尺精度级别	长度范围	允许偏差
普通级别	4 000~12 000	+70 0
精确级别	4 000~6 000	+5 0
	>6 000~12 000	+10 0

三、尺寸和理论质量

冷弯型钢以实际质量交货。

(一)圆形冷弯空心型钢的尺寸和理论质量

外径 mm	允许偏差 mm	壁厚 mm	理论质量 kg/m	截面面积 cm^2	外径 mm	允许偏差 mm	壁厚 mm	理论质量 kg/m	截面面积 cm^2
21.3 (21.3)	±0.5	1.2	0.59	0.76	33.5 (33.7)	±0.5	1.5	1.18	1.51
		1.5	0.73	0.93			2.0	1.55	1.98
		1.75	0.84	1.07			2.5	1.91	2.43
		2.0	0.95	1.21			3.0	2.26	2.87
		2.5	1.16	1.48			3.5	2.59	3.29
		3.0	1.35	1.72			4.0	2.91	3.71
26.8 (26.9)	±0.5	1.2	0.76	0.97	42.3 (42.4)	±0.5	1.5	1.51	1.92
		1.5	0.94	1.19			2.0	1.99	2.53
		1.75	1.08	1.38			2.5	2.45	3.13
		2.0	1.22	1.56			3.0	2.91	3.70
		2.5	1.50	1.91			4.0	3.78	4.81
		3.0	1.76	2.24					

续 表

外径 mm	允许偏差 mm	壁厚 mm	理论质量 kg/m	截面面积 cm^2	外径 mm	允许偏差 mm	壁厚 mm	理论质量 kg/m	截面面积 cm^2
48 (48.3)	±0.5	1.5	1.72	2.19	75.5 (76.1)	±0.76	2.5	4.50	5.73
		2.0	2.27	2.89			3.0	5.36	6.83
		2.5	2.81	3.57			4.0	7.05	8.98
		3.0	3.33	4.24			5.0	8.69	11.07
		4.0	4.34	5.53					
		5.0	5.30	6.75					
60 (60.3)	±0.6	2.0	2.86	3.64	88.5 (88.9)	±0.90	3.0	6.33	8.06
		2.5	3.55	4.52			4.0	8.34	10.62
		3.0	4.22	5.37			5.0	10.30	13.12
		4.0	5.52	7.04			6.0	12.21	15.55
		5.0	6.78	8.64					

续 表

外径 mm	允许偏差 mm	壁厚 mm	理论质量 kg/m	截面面积 cm^2	外径 mm	允许偏差 mm	壁厚 mm	理论质量 kg/m	截面面积 cm^2
114 (114.3)	±1.15	4.0 5.0 6.0	10.85 13.44 15.98	13.82 17.12 20.36	219.1 (219.1)	±2.20	5 6 8 10	26.4 31.53 41.6 51.6	33.60 40.17 53.10 65.70
140 (139.7)	±1.40	4.0 5.0 6.0	13.42 16.65 19.83	17.09 21.21 25.26	273 (273)	±2.75	5 6 8 10	33.0 39.5 52.3 64.9	42.1 50.3 66.6 82.6
165 (168.3)	±1.65	4 5 6 8	15.88 19.73 23.53 30.97	20.23 25.13 29.97 39.46	325 (323.9)	±3.25	5 6 8 10 12	39.5 47.2 62.5 77.7 92.6	50.3 60.1 79.7 99.0 118.0

续 表

外径 mm	允许偏差 mm	壁厚 mm	理论质量 kg/m	截面面积 cm^2	外径 mm	允许偏差 mm	壁厚 mm	理论质量 kg/m	截面面积 cm^2
355.6 (355.6)	±3.55	6 8 10 12	51.7 68.6 85.2 101.7	65.9 87.4 109.0 130.0	508 (508)	±5.10	8 10 12	98.6 123.0 146.8	126 156 187
406.4 (406.4)	±4.10	8 10 12	78.6 97.8 116.7	100 125 149	610	±6.10	8 10 12.5 16	118.8 148.0 184.2 234.4	151 189 235 299
457 (457)	±4.6	8 10 12	88.6 110.0 131.7	113 140 168					

注:括号内为 ISO 4019 所列规格。

(二)方形冷弯空心型钢的尺寸和理论质量

边长 mm	允许偏差 mm	壁厚 mm	理论质量 kg/m	截面面积 cm^2	边长 mm	允许偏差 mm	壁厚 mm	理论质量 kg/m	截面面积 cm^2
20	±0.50	1.2	0.679	0.865	30	±0.50	1.5	1.296	1.652
		1.5	0.826	1.052			1.75	1.490	1.898
		1.75	0.941	1.199			2.0	1.677	2.136
		2.0	1.050	1.340			2.5	2.032	2.589
							3.0	2.361	3.008
25	±0.50	1.2	0.867	1.105	40	±0.50	1.5	1.767	2.525
		1.5	1.061	1.352			1.75	2.039	2.598
		1.75	1.215	1.548			2.0	2.305	2.936
		2.0	1.363	1.736			2.5	2.817	3.589
							3.0	3.303	4.208
							4.0	4.198	5.347

续 表

边长 mm	允许偏差 mm	壁厚 mm	理论质量 kg/m	截面面积 cm^2	边长 mm	允许偏差 mm	壁厚 mm	理论质量 kg/m	截面面积 cm^2
50	±0.50	1.5	2.238	2.852	70	±0.65	2.5	5.170	6.590
		1.75	2.589	3.298			3.0	6.129	7.808
		2.0	2.933	3.736			4.0	7.966	10.147
		2.5	3.602	4.589			5.0	9.699	12.356
		3.0	4.245	5.408					
		4.0	5.454	6.947					
60	±0.60	2.0	3.560	4.540	80	±0.70	2.5	5.957	7.589
		2.5	4.387	5.589			3.0	7.071	9.008
		3.0	5.187	6.608			4.0	9.222	11.747
		4.0	6.710	8.547			5.0	11.269	14.356
		5.0	8.129	10.356					

续 表

边长 mm	允许偏差 mm	壁厚 mm	理论质量 kg/m	截面面积 cm^2	边长 mm	允许偏差 mm	壁厚 mm	理论质量 kg/m	截面面积 cm^2
90	±0.75	3.0	8.013	10.208	120	±0.90	4.0	14.246	18.147
		4.0	10.478	13.347			5.0	17.549	22.356
		5.0	12.839	16.356			6.0	20.749	26.432
		6.0	15.097	19.232			8.0	26.840	34.191
100	±0.80	4.0	11.734	11.947	130	±1.00	4.0	15.502	19.748
		5.0	14.409	18.356			5.0	19.120	24.356
		6.0	16.981	21.632			6.0	22.634	28.833
							8.0	28.921	36.842
110	±0.90	4.0	12.99	16.548	140	±1.10	4.0	16.758	21.347
		5.0	15.98	20.356			5.0	20.689	26.356
		6.0	18.866	24.033			6.0	24.517	31.232
							8.0	31.864	40.591

续 表

边长 mm	允许偏差 mm	壁厚 mm	理论质量 kg/m	截面面积 cm^2	边长 mm	允许偏差 mm	壁厚 mm	理论质量 kg/m	截面面积 cm^2
150	±1.20	4.0	18.014	22.948	180	±1.40	4.0	21.800	27.70
		5.0	22.26	28.356			5.0	27.000	34.40
		6.0	26.402	33.633			6.0	32.100	40.80
		8.0	33.945	43.242			8.0	41.500	52.80
160	±1.20	4.0	19.270	24.547	190	±1.50	4.0	23.00	29.30
		5.0	23.829	30.356			5.0	28.50	36.40
		6.0	28.285	36.032			6.0	33.90	43.20
		8.0	36.888	46.991			8.0	44.00	56.00
170	±1.30	4.0	20.526	26.148	200	±1.60	4.0	24.30	30.90
		5.0	25.400	32.356			5.0	30.10	38.40
		6.0	30.170	38.433			6.0	35.80	45.60
		8.0	38.969	49.642			8.0	46.50	59.20
							10	57.00	72.60

续 表

边长 mm	允许偏差 mm	壁厚 mm	理论质量 kg/m	截面面积 cm^2	边长 mm	允许偏差 mm	壁厚 mm	理论质量 kg/m	截面面积 cm^2
220	±1.80	5.0	33.2	42.4	280	±2.20	5.0	42.7	54.4
		6.0	39.6	50.4			6.0	50.9	64.8
		8.0	51.5	65.6			8.0	66.6	84.8
		10	63.2	80.6			10	82.1	104.6
		12	73.5	93.7			12	96.1	122.5
250	±2.00	5.0	38.0	48.4	300	±2.40	6.0	54.7	69.6
		6.0	45.2	57.6			8.0	71.6	91.2
		8.0	59.1	75.2			10	88.4	113
		10	72.7	92.6			12	104	132
		12	84.8	108					

续　表

边长 mm	允许偏差 mm	壁厚 mm	理论质量 kg/m	截面面积 cm^2	边长 mm	允许偏差 mm	壁厚 mm	理论质量 kg/m	截面面积 cm^2
350	±2.80	6.0	64.1	81.6	450	±3.60	8.0	109	139
		8.0	84.2	107			10	135	173
		10	104	133			12	160	204
		12	123	156			14	185	236
400	±3.20	8.0	96.7	123	500	±4.00	8.0	122	155
		10	120	153			10	151	193
		12	141	180			12	179	228
		14	163	208			14	207	264
							16	235	299

注:表中理论质量按密度 7.85 g/cm^3 计算。

(三)矩形冷弯空心型钢的尺寸和理论质量

边长 mm 长边	边长 mm 短边	允许偏差 mm	壁厚 mm	理论质量 kg/m	截面面积 cm^2
30	20	±0.50	1.5	1.06	1.35
			1.75	1.22	1.55
			2.0	1.36	1.74
			2.5	1.64	2.09
40	20	±0.50	1.5	1.30	1.65
			1.75	1.49	1.90
			2.0	1.68	2.14
			2.5	2.03	2.59
			3.0	2.36	3.01
40	25	±0.50	1.5	1.41	1.80
			1.75	1.63	2.07
			2.0	1.83	2.34
			2.5	2.23	2.84
			3.0	2.60	3.31

边长 mm 长边	边长 mm 短边	允许偏差 mm	壁厚 mm	理论质量 kg/m	截面面积 cm^2
40	30	±0.50	1.5	1.53	1.95
			1.75	1.77	2.25
			2.0	1.99	2.54
			2.5	2.42	3.09
			3.0	2.83	3.61
50	25	±0.50	1.5	1.65	2.10
			1.75	1.90	2.42
50	25	±0.50	2.0	2.15	2.74
			2.5	2.62	2.34
			3.0	3.07	3.91

续 表

边长 mm 长边	边长 mm 短边	允许偏差 mm	壁厚 mm	理论质量 kg/m	截面面积 cm^2
50	30	±0.50	1.5	1.767	2.252
			1.75	2.039	2.598
			2.0	2.305	2.936
			2.5	2.817	3.589
			3.0	3.303	4.206
			4.0	4.198	5.347
50	40	±0.50	1.5	2.003	2.552
			1.75	2.314	2.948
			2.0	2.619	3.336
			2.5	3.210	4.089
			3.0	3.775	4.808
			4.0	4.826	6.148
55	25	±0.50	1.5	1.767	2.252
			1.75	2.039	2.598
			2.0	2.305	2.936

边长 mm 长边	边长 mm 短边	允许偏差 mm	壁厚 mm	理论质量 kg/m	截面面积 cm^2
55	40	±0.50	1.5	2.121	2.702
			1.75	2.452	3.123
			2.0	2.776	3.536
55	50	±0.60	1.75	2.726	3.473
			2.0	3.090	3.936
60	30	±0.60	2.0	2.620	3.337
			2.5	3.209	4.089
			3.0	3.774	4.808
			4.0	4.826	6.147

续 表

边长 mm 长边	边长 mm 短边	允许偏差 mm	壁厚 mm	理论质量 kg/m	截面面积 cm^2
60	40	±0.60	2.0	2.934	3.737
			2.5	3.602	4.589
			3.0	4.245	5.408
			4.0	5.451	6.947
70	50	±0.60	2.0	3.562	4.537
			3.0	5.187	6.608
			4.0	6.710	8.547
			5.0	8.129	10.356
80	40	±0.70	2.0	3.561	4.536
			2.5	4.387	5.589
			3.0	5.187	6.608
			4.0	6.710	8.547
			5.0	8.129	10.356

边长 mm 长边	边长 mm 短边	允许偏差 mm	壁厚 mm	理论质量 kg/m	截面面积 cm^2
80	60	±0.70	3.0	6.129	7.808
			4.0	7.966	10.147
			5.0	9.699	12.356
90	40	±0.75	3.0	5.658	7.208
			4.0	7.338	9.347
			5.0	8.914	11.356
90	50	±0.75	2.0	4.190	5.337
			2.5	5.172	6.589
			3.0	6.129	7.808
			4.0	7.966	10.147
			5.0	9.699	12.356

续　表

边长 mm 长边	边长 mm 短边	允许偏差 mm	壁厚 mm	理论质量 kg/m	截面面积 cm^2	边长 mm 长边	边长 mm 短边	允许偏差 mm	壁厚 mm	理论质量 kg/m	截面面积 cm^2
90	55	±0.75	2.0	4.346	5.536	120	50	±0.90	2.5	6.350	8.089
			2.5	5.368	6.839				3.0	7.543	9.608
90	60	±0.75	3.0	6.600	8.408	120	60	±0.90	3.0	8.013	10.208
									4.0	10.478	13.347
			4.0	8.594	10.947				5.0	12.839	16.356
			5.0	10.484	13.356				6.0	15.097	19.232
95	50	±0.75	2.0	4.347	5.537	120	80	±0.90	3.0	8.955	11.408
									4.0	11.734	11.947
			2.5	5.369	6.839				5.0	14.409	18.356
									6.0	16.981	21.632
100	50	±0.80	3.0	6.690	8.408	140	80	±1.00	4.0	12.990	16.547
			4.0	8.594	10.947				5.0	15.979	20.356
			5.0	10.484	13.356				6.0	18.865	24.032

续 表

边长 mm 长边	边长 mm 短边	允许偏差 mm	壁厚 mm	理论质量 kg/m	截面面积 cm^2	边长 mm 长边	边长 mm 短边	允许偏差 mm	壁厚 mm	理论质量 kg/m	截面面积 cm^2
150	100	±1.20	4.0	14.874	18.947	160	80	±1.20	4.0	14.216	18.117
			5.0	18.334	23.356				5.0	17.519	22.356
			6.0	21.691	27.632				6.0	20.749	26.433
			8.0	28.096	35.791				8.0	26.810	33.644
160	60	±1.20	3	9.898	12.608	180	65	±1.20	3.0	11.075	14.108
			4.5	14.498	18.469				4.5	16.264	20.719

续　表

边长 mm 长边	边长 mm 短边	允许偏差 mm	壁厚 mm	理论质量 kg/m	截面面积 cm^2
180	100	±1.30	4.0	16.758	21.317
			5.0	20.689	26.356
			6.0	24.517	31.232
			8.0	31.861	40.391
200			4.0	18.014	22.941
			5.0	22.259	28.356
			6.0	26.101	33.632
			8.0	34.376	43.791
200	120	±1.40	4.0	19.3	24.5
			5.0	23.8	30.4
			6.0	28.3	36.0
			8.0	36.5	46.4

边长 mm 长边	边长 mm 短边	允许偏差 mm	壁厚 mm	理论质量 kg/m	截面面积 cm^2
200	150	±1.50	4.0	21.2	26.9
			5.0	26.2	33.4
			6.0	31.1	39.6
			8.0	40.2	51.2
220	140	±1.50	4.0	21.8	27.7
			5.0	27.0	34.4
			6.0	32.1	40.8
			8.0	41.5	52.8

续 表

边长 mm		允许偏差 mm	壁厚 mm	理论质量 kg/m	截面面积 cm^2
长边	短边				
250	150	±1.60	4.0	24.3	30.9
			5.0	30.1	38.4
			6.0	35.8	45.6
			8.0	46.5	59.2
260	180	±1.80	5.0	33.2	42.4
			6.0	39.6	50.4
			8.0	51.5	65.6
			10	63.2	80.6
300	200	±2.00	5.0	38.0	48.4
			6.0	45.2	57.6
			8.0	59.1	75.2
			10	72.7	92.6

边长 mm		允许偏差 mm	壁厚 mm	理论质量 kg/m	截面面积 cm^2
长边	短边				
350	250	±2.20	5.0	45.8	58.4
			6.0	54.7	69.6
			8.0	71.6	91.2
			10	88.4	113
400	200	±2.40	5.0	45.8	58.4
			6.0	54.7	69.6
			8.0	71.6	91.2
			10	88.4	113
			12	104	132
400	250	±2.60	5.0	49.7	63.4
			6.0	59.4	75.6
			8.0	77.9	99.2
			10	96.2	122
			12	113	144

续 表

边长 mm 长边	边长 mm 短边	允许偏差 mm	壁厚 mm	理论质量 kg/m	截面面积 cm^2	边长 mm 长边	边长 mm 短边	允许偏差 mm	壁厚 mm	理论质量 kg/m	截面面积 cm^2
450	250	±2.80	6.0	64.1	81.6	550	350	±3.60	8.0	109	139
			8.0	84.2	107				10	135	173
			10	104	133				12	160	204
			12	123	156				14	185	236
500	300	±3.20	6.0	73.5	93.6	600	400	±4.00	8.0	122	155
			8.0	96.7	123				10	151	193
			10	120	153				12	179	228
			12	141	180				14	207	264
									16	235	299

注:表中理论质量按密度 7.85 g/cm^3 计算。

热轧等边角钢(GB 9787—1988)

型号	尺寸(边宽×边厚) mm	理论质量 kg/m	型号	尺寸(边宽×边厚) mm	理论质量 kg/m
2	20×3	0.889	4.5	45×3	2.088
	20×4	1.145		45×4	2.736
2.5	25×3	1.124		45×5	3.369
	25×4	1.459		45×6	3.985
3	30×3	1.373	5	50×3	2.332
	30×4	1.786		50×4	3.059
3.6	36×3	1.656		50×5	3.770
	36×4	2.163		50×6	4.465
	36×5	2.654	5.6	56×3	2.624
4	40×3	1.852		56×4	3.446
	40×4	2.422		56×5	4.251
	40×5	2.976		56×8	6.568

续　表

型号	尺寸(边宽×边厚) mm	理论质量 kg/m
6.3	63×4	3.907
	63×5	4.822
	63×6	5.721
	63×8	7.469
	63×10	9.151
7	70×4	4.372
	70×5	5.397
	70×6	6.406
	70×7	7.398
	70×8	8.373
7.5	75×5	5.818
	75×6	6.905
7.5	75×7	7.976
	75×8	9.030
	75×10	11.089
8	80×5	6.211
	80×6	7.376
	80×7	8.325
	80×8	9.658
	80×10	11.874
9	90×6	8.350
	90×7	9.656
	90×8	10.946
	90×10	13.476
	90×12	15.940

续 表

型号	尺寸(边宽×边厚) mm	理论质量 kg/m	型号	尺寸(边宽×边厚) mm	理论质量 kg/m
10	100×6	9.366	12.5	125×8	15.504
	100×7	10.830		125×10	19.133
	100×8	12.276		125×12	22.696
	100×10	15.120		125×14	26.193
	100×12	17.898	14	140×10	21.488
	100×14	20.611		140×12	25.522
	100×16	23.257		140×14	29.490
11	110×7	11.928		140×16	33.393
	110×8	13.532	16	160×10	24.729
	110×10	16.690		160×12	29.391
	110×12	19.782		160×14	33.987
	110×14	22.809		160×16	38.518

续　表

型号	尺寸(边宽×边厚) mm	理论质量 kg/m	型号	尺寸(边宽×边厚) mm	理论质量 kg/m
18	180×12	33.159	20	200×14	42.894
	180×14	38.383		200×16	48.680
	180×16	43.542		200×18	54.401
	180×18	48.634		200×20	60.056
				200×24	71.168

注:①等边角钢按理论质量或实际质量交货。

②根据双方协议,等边角钢每米质量允许偏差不超过$^{+3}_{-5}$%。

热轧不等边角钢(GB 9788—1988)

型号	尺寸(边宽×边厚) mm	理论质量 kg/m	型号	尺寸(边宽×边厚) mm	理论质量 kg/m
2.5/1.6	25×16×3	0.912	5.6/3.6	56×36×5	3.466
	25×16×4	1.176	6.3/4	63×40×4	3.185
3.2/2	32×20×3	1.171		63×40×5	3.920
	32×20×4	1.522		63×40×6	4.638
4/2.5	40×25×3	1.484		63×40×7	5.339
	40×25×4	1.936	7/4.5	70×45×4	3.570
4.5/2.8	45×28×3	1.687		70×45×5	4.403
	45×28×4	2.203		70×45×6	5.218
5/3.2	50×32×3	1.908		70×45×7	6.011
	50×32×4	2.494	7.5/5	75×50×5	4.808
5.6/3.6	56×36×3	2.153		75×50×6	5.699
	56×36×4	2.818		75×50×8	7.431

续 表

型号	尺寸(边宽×边厚) mm	理论质量 kg/m	型号	尺寸(边宽×边厚) mm	理论质量 kg/m
7.5/5	75×50×10	9.098	10/8	100×80×6	8.350
8/5	80×50×5	5.005		100×80×7	9.656
	80×50×6	5.935		100×80×8	10.946
	80×50×7	6.848		100×80×10	13.476
	80×50×8	7.745	11/7	110×70×6	8.350
9/5.6	90×56×5	5.661		110×70×7	9.656
	90×56×6	6.717		110×70×8	10.946
	90×56×7	7.756		110×70×10	13.476
	90×56×8	8.779	12.5/8	125×80×7	11.066
10/6.3	100×63×6	7.550		125×80×8	12.551
	100×63×7	8.722		125×80×10	15.474
	100×63×8	9.878		125×80×12	18.330
	100×63×10	12.142			

续 表

型号	尺寸(边宽×边厚) mm	理论质量 kg/m	型号	尺寸(边宽×边厚) mm	理论质量 kg/m
14/9	140×90×8	14.160	18/11	180×110×10	22.273
	140×90×10	17.475		180×110×12	26.464
	140×90×12	20.724		180×110×14	30.589
	140×90×14	23.908		180×110×16	34.649
16/10	160×100×10	19.872	20/12.5	200×125×12	29.761
	160×100×12	23.592		200×125×14	34.436
	160×100×14	27.247		200×125×16	39.045
	160×100×16	30.835		200×125×18	43.588

注:①不等边角钢按理论质量或实际质量交货。

②根据双方协议,不等边角钢每米质量允许偏差不超过$^{+3}_{-5}$%。

热轧扁钢(GB 704—1988)(摘)

规格 mm	理论质量 kg/m	规格 mm	理论质量 kg/m	规格 mm	理论质量 kg/m	规格 mm	理论质量 kg/m
3×10	0.24	3×14	0.33	9×16	1.15	5×20	0.79
4×10	0.31	4×14	0.44	10×16	1.26	6×20	0.94
5×10	0.39	5×14	0.55	3×18	0.42	7×20	1.10
6×10	0.47	6×14	0.66	4×18	0.57	8×20	1.26
7×10	0.55	7×14	0.77	5×18	0.71	9×20	1.41
8×10	0.63	8×14	0.88	6×18	0.85	10×20	1.57
3×12	0.28	3×16	0.38	7×18	0.99	11×20	1.73
4×12	0.38	4×16	0.50	8×18	1.13	12×20	1.88
5×12	0.47	5×16	0.63	9×18	1.27	3×22	0.52
6×12	0.57	6×16	0.75	10×18	1.41	4×22	0.69
7×12	0.66	7×16	0.88	3×20	0.47	5×22	0.86
8×12	0.75	8×16	1.00	4×20	0.63	6×22	1.04

续 表

规格 mm	理论质量 kg/m	规格 mm	理论质量 kg/m	规格 mm	理论质量 kg/m	规格 mm	理论质量 kg/m
7×22	1.21	12×25	2.36	3×30	0.71	4×32	1.00
8×22	1.38	14×25	2.75	4×30	0.94	5×32	1.26
9×22	1.55	16×25	3.14	5×30	1.18	6×32	1.51
10×22	1.73	3×28	0.66	6×30	1.41	7×32	1.76
11×22	1.90	4×28	0.88	7×30	1.65	8×32	2.01
12×22	2.07	5×28	1.10	8×30	1.88	9×32	2.26
3×25	0.59	6×28	1.32	9×30	2.12	10×32	2.51
4×25	0.79	7×28	1.54	10×30	2.36	11×32	2.76
5×25	0.98	8×28	1.76	11×30	2.59	12×32	3.01
6×25	1.18	9×28	1.98	12×30	2.83	14×32	3.52
7×25	1.37	10×28	2.20	14×30	3.30	16×32	4.02
8×25	1.57	11×28	2.42	16×30	3.77	18×32	4.52
9×25	1.77	12×28	2.64	18×30	4.24	20×32	5.02
10×25	1.96	14×28	3.08	20×30	4.71	3×35	0.82
11×25	2.16	16×28	3.53	3×32	0.75	4×35	1.10

续　表

规格 mm	理论质量 kg/m	规格 mm	理论质量 kg/m	规格 mm	理论质量 kg/m	规格 mm	理论质量 kg/m
5×35	1.37	6×40	1.88	4×45	1.41	4×50	1.57
6×35	1.65	7×40	2.20	5×45	1.77	5×50	1.96
7×35	1.92	8×40	2.51	6×45	2.12	6×50	2.36
8×35	2.20	9×40	2.83	7×45	2.47	7×50	2.75
9×35	2.47	10×40	3.14	8×45	2.83	8×50	3.14
10×35	2.75	11×40	3.45	9×45	3.18	9×50	3.53
11×35	3.02	12×40	3.77	10×45	3.53	10×50	3.93
12×35	3.30	14×40	4.40	11×45	3.89	11×50	4.32
14×35	3.85	16×40	5.02	12×45	4.24	12×50	4.71
16×35	4.40	18×40	5.65	14×45	4.95	14×50	5.50
18×35	4.95	20×40	6.28	16×45	5.65	16×50	6.28
20×35	5.50	22×40	6.91	18×45	6.36	18×50	7.07
3×40	0.94	25×40	7.85	20×45	7.07	20×50	7.85
4×40	1.26	28×40	8.79	22×45	7.77	4×55	1.73
5×40	1.57	3×45	1.06	3×50	1.18	5×55	2.16

续 表

规格 mm	理论质量 kg/m	规格 mm	理论质量 kg/m	规格 mm	理论质量 kg/m	规格 mm	理论质量 kg/m
6×55	2. 59	8×60	3. 77	11×65	5. 61	16×70	8. 79
7×55	3. 02	9×60	4. 24	12×65	6. 12	18×70	9. 89
8×55	3. 45	10×60	4. 71	14×65	7. 14	4×75	2. 36
9×55	3. 89	11×60	5. 18	16×65	8. 16	5×75	2. 94
10×55	4. 32	12×60	5. 65	18×65	9. 18	6×75	3. 53
11×55	4. 75	14×60	6. 59	4×70	2. 20	7×75	4. 12
12×55	5. 18	16×60	7. 54	5×70	2. 75	8×75	4. 71
14×55	6. 04	18×60	8. 48	6×70	3. 30	9×75	5. 30
16×55	6. 91	4×65	2. 04	7×70	3. 85	10×75	5. 89
18×55	7. 77	5×65	2. 55	8×70	4. 40	11×75	6. 48
20×55	8. 64	6×65	3. 06	9×70	4. 95	12×75	7. 07
4×60	1. 88	7×65	3. 57	10×70	5. 50	14×75	8. 24
5×60	2. 36	8×65	4. 08	11×70	6. 04	16×75	9. 42
6×60	2. 83	9×65	4. 59	12×70	6. 59	18×75	10. 60
7×60	3. 30	10×65	5. 10	14×70	7. 69	4×80	2. 51

续　表

规格 mm	理论质量 kg/m	规格 mm	理论质量 kg/m	规格 mm	理论质量 kg/m	规格 mm	理论质量 kg/m
5×80	3.14	9×85	6.01	14×90	9.89	6×100	4.71
6×80	3.77	10×85	6.67	16×90	11.30	7×100	5.50
7×80	4.40	11×85	7.34	18×90	12.72	8×100	6.28
8×80	5.02	12×85	8.01	5×95	3.73	9×100	7.07
9×80	5.65	14×85	9.34	6×95	4.47	10×100	7.85
10×80	6.28	16×85	10.68	7×95	5.22	11×100	8.64
11×80	6.91	18×85	12.01	8×95	5.97	12×100	9.42
12×80	7.54	5×90	3.53	9×95	6.71	14×100	10.99
14×80	8.79	6×90	4.24	10×95	7.46	16×100	12.56
16×80	10.05	7×90	4.95	11×95	8.20	18×100	14.13
18×80	11.30	8×90	5.65	12×95	8.95	5×105	4.12
5×85	3.34	9×90	6.36	14×95	10.44	6×105	4.95
6×85	4.00	10×90	7.07	16×95	11.93	7×105	5.77
7×85	4.67	11×90	7.77	18×95	13.42	8×105	6.59
8×85	5.34	12×90	8.48	5×100	3.93	9×105	7.42

续 表

规格 mm	理论质量 kg/m	规格 mm	理论质量 kg/m	规格 mm	理论质量 kg/m	规格 mm	理论质量 kg/m
10×105	8.24	6×120	5.65	12×125	11.78	8×140	8.79
11×105	9.07	7×120	6.59	14×125	13.74	9×140	9.89
12×105	9.89	8×120	7.54	16×125	15.70	10×140	10.99
14×105	11.54	9×120	8.48	18×125	17.66	11×140	12.09
16×105	13.19	10×120	9.42	6×130	6.12	12×140	13.19
5×110	4.32	11×120	10.36	7×130	7.14	14×140	15.39
6×110	5.18	12×120	11.30	8×130	8.16	16×140	17.58
7×110	6.04	14×120	13.19	9×130	9.18	18×140	19.78
8×110	6.91	16×120	15.07	10×130	10.21	7×150	8.24
9×110	7.77	6×125	5.89	11×130	11.23	8×150	9.42
10×110	8.64	7×125	6.87	12×130	12.25	9×150	10.60
11×110	9.50	8×125	7.85	14×130	14.29	10×150	11.78
12×110	10.36	9×125	8.83	16×130	16.33	11×150	12.95
14×110	12.09	10×125	9.81	18×130	18.37	12×150	14.13
5×120	4.71	11×125	10.79	7×140	7.69	14×150	16.49

续 表

规格 mm	理论质量 kg/m	规格 mm	理论质量 kg/m	规格 mm	理论质量 kg/m	规格 mm	理论质量 kg/m
16×150	18.84	25×150	29.44	36×150	42.39	50×150	58.88
18×150	21.20	28×150	32.97	40×150	47.10	56×150	65.94
20×150	23.55	30×150	35.33	45×150	52.99	60×150	70.65
22×150	25.91	32×150	37.68				

注:每米扁钢质量的计算公式为 $W=7.85a\delta\div1\,000$;a——宽度;δ——厚度。

圆、方、六角钢(GB/T 702—2004,GB 705—1983)(摘)

规 格 mm	理论质量 kg/m			规 格 mm	理论质量 kg/m		
	圆钢	方钢	六角钢		圆钢	方钢	六角钢
				15	1.39	1.77	1.53
5.5	0.187	0.237		16	1.58	2.01	1.74
6	0.222	0.283		17	1.78	2.27	1.96
6.5	0.260	0.332		18	2.00	2.54	2.20
7	0.302	0.385		19	2.23	2.83	2.45
8	0.395	0.502	0.435	20	2.47	3.14	2.72
9	0.499	0.636	0.551	21	2.72	3.46	3.00
10	0.617	0.785	0.680	22	2.98	3.80	3.29
11	0.746	0.95	0.823	23	3.26	4.15	3.60
12	0.888	1.13	0.979	24	3.55	4.52	3.92
13	1.04	1.33	1.15	25	3.85	4.91	4.25
14	1.21	1.54	1.33	26	4.17	5.31	4.60

续 表

规 格 mm	理论质量 kg/m			规 格 mm	理论质量 kg/m		
	圆钢	方钢	六角钢		圆钢	方钢	六角钢
27	4.49	5.72	4.96	42	10.9	13.8	11.99
28	4.83	6.15	5.33	45	12.5	15.9	13.77
29	5.18	6.60	—	48	14.2	18.1	15.66
30	5.55	7.06	6.12	50	15.4	19.6	17.00
31	5.92	7.54	—	53	17.3	22.0	19.10
32	6.31	8.04	6.96	55	18.6	23.7	—
33	6.71	8.55	—	56	19.3	24.6	21.32
34	7.13	9.07	7.86	60	22.2	28.3	24.50
35	7.55	9.62	—	63	24.5	31.2	26.98
36	7.99	10.2	8.81	65	26.0	33.2	28.72
38	8.90	11.3	9.82	68	28.5	36.3	31.43
40	9.86	12.6	10.88	70	30.2	38.5	33.30

续 表

规 格 mm	理论质量 kg/m			规 格 mm	理论质量 kg/m		
	圆钢	方钢	六角钢		圆钢	方钢	六角钢
75	34.7	44.2	—	130	104	133	—
80	39.5	50.2	—	140	121	154	—
85	44.5	56.7	—	150	139	177	—
90	49.9	63.6	—	160	158	201	—
95	55.6	70.8	—	170	178	227	—
100	61.7	78.5	—	180	200	254	—
105	68.0	86.5	—	190	223	283	—
110	74.6	95.0	—	200	247	314	—
115	81.5	104	—	220	298	—	—
120	88.8	113	—	250	385	—	—
125	96.3	123	—				

注：①每米圆钢质量的计算公式为 $W=6.1654d^2\div1\,000$；d——直径。

②螺纹钢和圆钢的理论质量相同。

③每米方钢质量的计算公式为 $W=7.85a^2\div1\,000$；a——边宽。

④每米六角钢质量的计算公式为 $W=6.7981a^2\div1\,000$；a——内切圆直径。

钢筋混凝土用热轧带肋钢筋(GB 1499—1998,neq ISO 6935－2:1991)

一、化学成分

化学成分和碳当量应不大于下表规定的值。根据需要,钢中还可加入 W、Nb、Ti 等元素。

%

牌 号	化学成分					
	C	Si	Mn	P	S	Ceq
HRB335	0.25	0.80	1.60	0.045	0.045	0.52
HRB400	0.25	0.80	1.60	0.045	0.045	0.54
HRB500	0.25	0.80	1.60	0.045	0.045	0.55

二、力学性能

牌 号	公称直径 mm	屈服点 σ_s,或 $\sigma_{p0.2}$ MPa	抗拉强度 σ_b MPa	伸长率 δ_5 %
HRB335	6～25,28～50	≥335	≥490	≥16
HRB400	6～25,28～50	≥400	≥570	≥14
HRB500	6～25,28～50	≥500	≥630	≥12

三、理论质量和允许偏差

公称直径 mm	理论质量 kg/m	公称直径 mm	理论质量 kg/m	公称直径 mm	实际质量与理论质量允许偏差 %
6	0.222	22	2.98	6~12	±7
8	0.395	25	3.85		
10	0.617	28	4.83	14~20	±5
12	0.888	32	6.31		
14	1.21	36	7.99	22~50	±4
16	1.58	40	9.87		
18	2.00	50	15.42		
20	2.47				

低碳钢圆盘条(GB/T 701—1997)

一、分类和代号

盘条按用途分类。应在订货合同中注明盘条类别。其代号如下：
L——供拉丝用盘条;J——供建筑和其他一般用途用盘条。

二、技术要求

(一)牌号和化学成分

盘条的牌号和化学成分(熔炼分析)应符合下表的规定。

%

牌号	化学成分					脱氧方法
	C	Mn	Si	S	P	
Q195	0.06~0.12	0.25~0.05	≤0.30	≤0.050	≤0.045	F.b.Z
Q195C	≤0.10	0.30~0.60		≤0.040	≤0.040	
Q215A	0.09~0.15	0.25~0.55	≤0.30	≤0.050	≤0.045	F.b.Z
Q215B				≤0.045		
Q215C	0.10~0.15	0.30~0.60		≤0.040	≤0.040	
Q235A	0.14~0.22	0.30~0.65	≤0.30	≤0.050	≤0.045	F.b.Z
Q235B	0.12~0.20	0.30~0.70		≤0.045		
Q235C	0.13~0.18	0.30~0.60		≤0.040	≤0.040	

沸腾钢硅的含量不大于0.07%，半镇静钢硅的含量不大于0.17%。镇静钢硅的含量下限值为0.12%。允许用铝代硅脱氧。

钢中铬、镍、铜、砷的残余含量应符合GB 700的有关规定。

(二)力学性能和工艺性能

供建筑用盘条的力学性能和工艺性能应符合下表的规定。

牌　号	力学性能			冷弯试验180° d=弯心直径 a=试样直径
	屈服点 σ_s MPa	抗拉强度 σ_b MPa	伸长率 δ_{10} %	
Q215	≥215	≥375	≥27	$d=0$
Q235	≥235	≥410	≥23	$d=0.5a$

经供需双方协议，供拉丝用盘条的力学性能和工艺性能应符合下表的规定。

牌　号	力学性能		冷弯试验 180° d = 弯心直径 a = 试样直径
	抗拉强度 σ_b MPa	伸长率 δ_{10} %	
Q195	≥390	≥30	$d=0$
Q215	≥420	≥28	$d=0$
Q235	≥490	≥23	$d=0.5a$

热轧盘条(GB/T 14981—1994)

一、尺寸、外形和允许偏差

盘条直径允许偏差、不圆度和盘条的横截面积应符合下表的规定。

直径 mm	允许偏差 mm			不圆度 mm			横截面积 mm^2	理论质量 kg/m
	A 级精度	B 级精度	C 级精度	A 级精度	B 级精度	C 级精度		
5.5	±0.40	±0.30	±0.15	≤0.50	≤0.40	≤0.24	23.8	0.187
6.0							28.3	0.222
6.5							33.2	0.260
7.0							38.5	0.302
7.5							44.2	0.347
8.0							50.3	0.395
8.5							56.7	0.445
9.0							63.6	0.499
9.5							70.9	0.556
10.0							78.5	0.617
10.5	±0.45	±0.35	±0.20	≤0.60	≤0.48	≤0.32	86.6	0.690
11.0							95.0	0.746
11.5							104	0.815
12.0							113	0.888

续 表

直径 mm	允许偏差 mm			不圆度 mm			横截面积 mm^2	理论质量 kg/m
	A 级精度	B 级精度	C 级精度	A 级精度	B 级精度	C 级精度		
12.5	±0.45	±0.35	±0.20	≤0.60	≤0.48	≤0.32	123	0.963
13.0							133	1.04
13.5							143	1.12
14.0							154	1.21
14.5							165	1.30
15.0	±0.50	±0.40	±0.25	≤0.70	≤0.56	≤0.40	177	1.39
15.5							189	1.48
16.0							201	1.58
17.0							227	1.78
18.0							254	2.00
19.0							284	2.23
20.0							314	2.47
21.0							346	2.72
22.0							380	2.98

续　表

直径 mm	允许偏差 mm			不圆度 mm			横截面积 mm^2	理论质量 kg/m
	A 级精度	B 级精度	C 级精度	A 级精度	B 级精度	C 级精度		
23.0	±0.50	±0.40	±0.25	≤0.70	≤0.56	≤0.40	415	3.26
24.0							452	3.55
25.0							491	3.85
26.0	±0.60	±0.45	±0.30	≤0.80	≤0.64	≤0.48	531	4.17
27.0							573	4.49
28.0							616	4.83
29.0							661	5.18
30.0							707	5.55

注:①精度级别应在合同中注明,未注明者按 A 级精度执行。

②经供需双方协议,并在合同中注明,直径允许偏差不大于 ±0.50 mm,其不圆度不大于 0.80 mm,亦可交货。

③根据需方要求,经供需双方协议可供应其他尺寸的盘条。

二、质量

盘条的理论质量应符合上表的规定。盘条质量组别按下表的规定。允许每批有5%的盘数(不足2盘的允许有2盘)由2根组成,每盘质量为60~500 kg的每根质量不得小于20 kg;其余组别质量的盘条,每根盘条质量不得小于100 kg。

组　别	质　量 kg/盘
Ⅰ	60 ~ <500
Ⅱ	500 ~ <1 000
Ⅲ	1 000 ~ <1 500
Ⅳ	1 500 ~ <2 000
Ⅴ	≥2 000

注:经供需双方协议,亦可供应其他盘重的盘条。

不锈钢板质量计算方法(GB 4229—1984)

本标准适用于 GB 4237—1984《不锈钢热轧钢板》及 GB 3280—1984《不锈钢冷轧钢板》标准中规定牌号的钢板(以下简称为钢板)的质量计算方法。

质量计算方法:

1)钢板的质量用公称尺寸计算。当厚度允许偏差规定为正偏差或负偏差时,用偏差的上限值与下限值的平均值与公称尺寸之和计算。

2)钢板的基本质量是指厚度为 1 mm,面积为 1 m^2 的质量,如下表所示。

3)单位质量(kg/m^2)是指钢板面积为 1 m^2 的质量,为基本质量乘以钢板的厚度(mm),修约为 4 位有效数字。

4)一张钢板的质量是单位质量乘以面积(m^2),面积应修约到 4 位有效数字,一张钢板的质量应修约为 3 位有效数字。当一张质量超过 1 000 kg 时,修约为 kg 整数。

5)总质量是一张钢板质量乘以同一牌号、同一尺寸钢板的总张数,并修约为 kg 整数。

不锈钢板的基本质量

牌号	基本质量 kg	牌号	基本质量 kg
1Cr17Mn6Ni5N	7.93	0Cr23Ni13	7.93
1Cr18Mn8Ni5N	7.93	0Cr25Ni20	7.98
1Cr17Ni7	7.93	00Cr17Mo	7.70
1Cr17Ni8	7.93	7Cr17	7.70
1Cr18Ni9	7.93	0Cr26Ni5Mo2	7.80
1Cr18Ni9Si3	7.93	1Cr12	7.75
0Cr19Ni9	7.93	0Cr13Al	7.75
00Cr19Ni11	7.93	1Cr13	7.75
0Cr19Ni9N	7.93	0Cr13	7.75
00Cr18Ni10N	7.93	00Cr12	7.75
1Cr18Ni12	7.93	2Cr13	7.75

续 表

牌号	基本质量 kg	牌号	基本质量 kg
3Cr13	7.75	0Cr18Ni11Nb	7.98
0Cr17Ni12Mo2	7.98	0Cr18Ni13Si4	7.75
00Cr17Ni14Mo2	7.98	00Cr18Mo2	7.75
0Cr17Ni12Mo2N	7.98	00Cr30Mo2	7.64
00Cr17Ni13Mo2N	7.98	1Cr15	7.70
0Cr18Ni12Mo2Cu2	7.98	3Cr16	7.70
00Cr18Ni14Mo2Cu2	7.98	1Cr17	7.70
0Cr19Ni13Mo3	7.98	00Cr17	7.70
00Cr19Ni13Mo3	7.98	1Cr17Mo	7.70
0Cr18Ni6Mo5	8.00	00Cr27Mo	7.67
0Cr18Ni11Ti	7.93	0Cr17Ni7Al	7.93

钢 板

厚度 mm	理论质量 kg/m²	厚度 mm	理论质量 kg/m²	厚度 mm	理论质量 kg/m²	厚度 mm	理论质量 kg/m²
0.20	1.570	0.75	5.888	2.0	15.70	6	47.10
0.25	1.963	0.80	6.280	2.2	17.27	7	54.95
0.27	2.120	0.90	7.065	2.5	19.63	8	62.80
0.30	2.355	1	7.850	2.8	21.98	9	70.65
0.35	2.748	1.1	8.635	3.0	23.55	10	78.50
0.40	3.140	1.2	9.420	3.2	25.12	11	86.35
0.45	3.533	1.25	9.813	3.5	27.48	12	94.20
0.50	3.925	1.3	10.21	3.8	29.83	13	102.05
0.55	4.318	1.4	10.99	4	31.40	14	109.9
0.60	4.710	1.5	11.78	4.5	35.33	15	117.8
0.65	5.103	1.6	12.56	5	39.25	16	125.6
0.70	5.495	1.8	14.13	5.5	43.18	17	133.5

续 表

厚度 mm	理论质量 kg/m²	厚度 mm	理论质量 kg/m²	厚度 mm	理论质量 kg/m²	厚度 mm	理论质量 kg/m²
18	141.3	29	227.7	50	392.5		
19	149.2	30	235.5	52	408.2		
20	157.0	32	251.2	54	423.9		
21	164.9	34	266.9	56	439.6		
22	172.7	36	282.6	58	455.3		
23	180.6	38	298.3	60	471.0		
24	188.4	40	314.0				
25	196.3	42	329.7				
26	204.1	44	345.4				
27	212.0	46	361.1				
28	219.8	48	376.8				

注：每平方米钢板质量的计算公式为 $W=7.85\delta$；δ——厚度。

花纹钢板(GB/T 3277—1991)

基本厚度 mm	基本厚度允许偏差 mm	理论质量 kg/m²		
		菱形	扁豆形	圆豆形
2.5	±0.3	21.6	21.3	21.1
3.0	±0.3	25.6	24.4	24.3
3.5	±0.3	29.5	28.4	28.3
4.0	±0.4	33.4	32.4	32.3
4.5	±0.4	37.3	36.4	36.2
5.0	+0.4 −0.5	42.3	40.5	40.2
5.5	+0.4 −0.5	46.2	44.3	44.1
6.0	+0.5 −0.6	50.1	48.4	48.1
7.0	+0.6 −0.7	59.0	52.6	52.4
8.0	+0.6 −0.8	66.8	56.4	56.2

薄钢板习用号数的厚度

习用号数	厚度				习用号数	厚度			
	普通薄钢板		镀锌薄钢板			普通薄钢板		镀锌薄钢板	
	in	mm	in	mm		in	mm	in	mm
8	0.164 4	4.18	0.168 1	4.270	17	0.053 8	1.36	0.057 5	1.460
9	0.149 5	3.80	0.153 2	3.900	18	0.047 8	1.22	0.051 6	1.310
10	0.134 5	3.41	0.138 2	3.510	19	0.041 8	1.06	0.045 6	1.155
11	0.119 6	3.03	0.123 3	3.130	20	0.035 9	0.911	0.039 6	1.000
12	0.104 6	2.65	0.108 4	2.742	21	0.032 9	0.835	0.036 6	0.930
13	0.089 7	2.28	0.093 4	2.370	22	0.029 9	0.758	0.033 6	0.855
14	0.074 7	1.89	0.078 5	1.990	23	0.026 9	0.682	0.030 6	0.778
15	0.067 3	1.71	0.071 0	1.800	24	0.023 9	0.606	0.027 6	0.700
16	0.059 8	1.52	0.063 5	1.610	25	0.020 9	0.530	0.024 7	0.627

续　表

习用号数	厚度				习用号数	厚度			
	普通薄钢板		镀锌薄钢板			普通薄钢板		镀锌薄钢板	
	in	mm	in	mm		in	mm	in	mm
26	0.017 9	0.455	0.021 7	0.552	30	0.012 0	0.304	0.015 7	0.399
27	0.016 4	0.416	0.020 2	0.513	31	0.010 5	0.266	0.014 2	0.361
28	0.014 9	0.378	0.018 7	0.475	32	0.009 7	0.246	0.013 4	0.340
29	0.013 5	0.342	0.017 2	0.437					

注：表列习用号数及钢板厚度为英美制规定，与我国实际生产的镀锌薄钢板及普通薄钢板的产品规格有出入。我国产品无号数称呼，为满足目前习惯称呼与实际厚度的关系对照，特选录本表，供作参考。实际规格仍应以我国产品为准。

无缝钢管(摘)

kg/m

外径 mm \ 壁厚 mm / 理论质量	1.0	1.5	2.0	2.5	3.0	3.5	4.0	4.5	5.0	5.5
6	0.123	0.166	0.197							
7	0.148	0.203	0.247	0.277						
8	0.173	0.240	0.296	0.339						
9	0.197	0.277	0.345	0.401						
10	0.222	0.314	0.395	0.462	0.518	0.561				
12	0.271	0.388	0.493	0.586	0.666	0.734	0.789			
14	0.321	0.462	0.592	0.709	0.814	0.906	0.986			
16	0.370	0.536	0.691	0.832	0.962	1.08	1.18	1.28	1.35	
17	0.395	0.573	0.740	0.894	1.04	1.17	1.28	1.39	1.48	
18	0.419	0.610	0.789	0.956	1.11	1.25	1.38	1.50	1.60	
19	0.444	0.647	0.838	1.02	1.18	1.34	1.48	1.61	1.73	
20	0.469	0.684	0.888	1.08	1.26	1.42	1.58	1.72	1.85	1.97
22	0.518	0.758	0.986	1.20	1.41	1.60	1.77	1.94	2.10	2.24
25	0.592	0.869	1.13	1.39	1.63	1.86	2.07	2.28	2.47	2.64

续 表 kg/m

外径 mm \ 壁厚 mm / 理论质量	2.0	2.5	3.0	3.5	4.0	4.5	5.0	5.5	6.0	6.5
27	1.23	1.51	1.78	2.03	2.27	2.50	2.71	2.92	3.11	3.29
28	1.28	1.57	1.85	2.11	2.37	2.61	2.84	3.05	3.26	3.45
30	1.38	1.70	2.00	2.29	2.56	2.83	3.08	3.32	3.55	3.77
32	1.48	1.82	2.15	2.46	2.76	3.05	3.33	3.59	3.85	4.09
34	1.58	1.94	2.29	2.63	2.96	3.27	3.58	3.87	4.14	4.41
36	1.68	2.07	2.44	2.81	3.16	3.50	3.82	4.14	4.44	4.73
38		2.19	2.59	2.98	3.35	3.72	4.07	4.41	4.74	5.05
40		2.31	2.74	3.15	3.55	3.94	4.32	4.68	5.03	5.37
42		2.44	2.89	3.32	3.75	4.16	4.56	4.95	5.33	5.69
44.5		2.59	3.07	3.54	4.00	4.44	4.87	5.29	5.70	6.09
45		2.62	3.11	3.58	4.04	4.49	4.93	5.36	5.77	6.17
48		2.81	3.33	3.84	4.34	4.83	5.30	5.76	6.21	6.65
50		2.93	3.48	4.01	4.54	5.05	5.55	6.04	6.51	6.97
51		2.99	3.55	4.10	4.64	5.16	5.67	6.17	6.66	7.13

续 表

kg/m

外径 mm \ 理论质量 \ 壁厚 mm	3.0	3.5	4.0	4.5	5.0	5.5	6.0	6.5	7.0	7.5	8.0	10
57	4.00	4.62	5.23	5.83	6.41	6.99	7.55	8.10				
60	4.22	4.88	5.52	6.16	6.78	7.39	7.99	8.58				
63	4.44	5.13	5.81	6.49	7.14	7.77	8.41	9.04				
63.5	4.48	5.18	5.87	6.55	7.21	7.87	8.51	9.14	9.75	10.36	10.95	13.19
65	4.59	5.31	6.02	6.71	7.40	8.07	8.73	9.38				
68	4.81	5.57	6.31	7.05	7.77	8.48	9.17	9.86	10.53			
70	4.96	5.74	6.51	7.27	8.01	8.75	9.47	10.18	10.88			
73	5.18	6.00	6.81	7.60	8.38	9.16	9.91	10.66	11.39			
76	5.40	6.26	7.10	7.93	8.75	9.56	10.36	11.14	11.91	12.67	13.42	16.28
83		6.86	7.79	8.71	9.62	10.51	11.39	12.26	13.12	13.96	14.80	18.00
89		7.38	8.38	9.38	10.38	11.33	12.28	13.22	14.16	15.07	15.98	19.48
95		7.90	8.98	10.04	11.10	12.14	13.17	14.19	15.19	16.18	17.16	20.96
102	7.32	8.50	9.67	10.82	11.96	13.09	14.21	15.31	16.40	17.48	18.55	22.69
108	7.77	9.02	10.26	11.49	12.70	13.90	15.09	16.27	17.44	18.59	19.73	24.17
114			10.85	12.15	13.44	14.72	15.98	17.23	18.47	19.70	20.91	25.65

续 表 kg/m

外径 mm \ 理论质量 \ 壁厚 mm	4.5	5.0	6.0	7.0	8.0	9.0	10	11	12	14	16
133	14.26	15.78	18.79	21.75	24.66						
140	15.04	16.65	19.83	22.96	26.04	29.08					
146	15.70	17.39	20.72	24.00	27.23	30.41					
159	17.15	18.99	22.64	26.24	29.79	33.29	36.75	40.15	43.50	50.06	56.43
168			23.97	27.79	31.57	35.29	38.97	42.59	46.17	53.17	59.98
194			27.82	32.28	36.70	41.06	45.38	49.64	53.86	62.15	70.24
219			31.52	36.60	41.63	46.61	51.54	56.43	61.26	70.78	80.10
245				41.09	46.76	52.38	57.95	63.48	68.95	79.76	90.36
273				45.92	52.28	58.60	64.86	71.07	77.24	89.42	101.41
325					62.54	70.14	77.68	85.18	92.63	107.38	121.93
351					67.67	75.91	84.10	92.23	100.32	116.35	132.19
377						81.68	90.51	99.29	108.02	125.33	142.44
426						92.55	102.59	112.58	122.52	142.25	161.78
480						104.52	115.90	127.22	139.49	160.88	

注:①螺旋钢管与无缝钢管理论质量相同。

②每米钢管质量的计算公式为 $W=24.661\,6\delta(D-\delta)\div 1\,000$;$D$——外径;$\delta$——壁厚。

冷拔异型钢管(GB/T 3094—2000)

一、分类和代号

分　类	代　号
方形钢管	D－1
矩形钢管	D－2
椭圆形钢管	D－3
平椭圆形钢管	D－4
内外六角形钢管	D－5
直角梯形钢管	D－6

二、允许偏差

(一)尺寸允许偏差

mm

尺寸	允许偏差	
	普通级	高级
边长:		
≤30	±0.30	±0.20
>30~50	±0.40	±0.30
>50~75	±0.80%	±0.70%
>75	±1.00%	±0.80%
壁厚:		
≤1	±0.18	±0.12
>1~3	+15% -10%	+12.5% -10.0%
>3	+12.5% -10.0%	±10.0%

注:①尺寸允许偏差应在合同中注明,如未注明则按普通级交货。

②经供需双方协议,也可生产表中规定以外尺寸偏差的钢管。

(二)边凹凸度

mm

边长尺寸	边凹凸度　不大于	
	普通级	高级
≤30	0.20	0.10
>30~50	0.30	0.15
>50~75	0.80%	0.50%
>75	0.90%	0.60%

注:等级应在合同中注明,如未注明则按普通级交货。

(三)长度允许偏差

钢管的通常长度为1 500~9 000 mm。

定尺和倍尺长度应在通常长度范围内;定尺长度允许偏差为$^{+15}_{0}$mm,倍尺全长允许偏差为$^{+10}_{0}$mm,每个倍尺应留5~10 mm的切口余量。

（四）弯曲度

精度等级	弯曲度 mm/m	总弯曲度 %
普通级	≤4.0	≤0.4
高级	≤2.0	≤0.2

注：精度等级应在合同中注明，如未注明则按普通级交货。

三、规格和理论质量

（一）方形钢管（D－1）的规格和理论质量

规格（边长×壁厚） mm	理论质量 kg/m	规格（边长×壁厚） mm	理论质量 kg/m
12×0.8	0.273	14×1.5	0.559
12×1.0	0.332	16×1.0	0.458
14×1.0	0.394	16×1.5	0.653

续 表

规格(边长×壁厚) mm	理论质量 kg/m	规格(边长×壁厚) mm	理论质量 kg/m
18×1.0	0.521	25×2.5	1.68
18×1.5	0.747	25×3	1.95
18×2.0	0.952	30×2.5	2.08
20×1.0	0.583	30×3	2.42
20×1.5	0.841	30×3.5	2.75
20×2.0	1.08	30×4	3.05
20×2.5	1.29	32×2.5	2.23
22×1	0.646	32×3	2.61
22×1.5	0.936	32×3.5	2.97
22×2	1.20	32×4	3.30
22×2.5	1.45	35×2.5	2.47

续 表

规格(边长×壁厚) mm	理论质量 kg/m	规格(边长×壁厚) mm	理论质量 kg/m
35×3	2.89	40×3.5	3.85
35×3.5	3.30	40×4	4.31
35×4	3.68	40×5	5.16
35×5	4.38	40×6	5.93
36×2.5	2.55	42×2.5	3.02
36×3	2.99	42×3	3.55
36×3.5	3.41	42×3.5	4.07
36×4	3.81	42×4	4.56
36×5	4.53	42×5	5.48
40×2.5	2.86	42×6	6.30
40×3	3.37	45×3.5	4.40

续 表

规格(边长×壁厚) mm	理论质量 kg/m	规格(边长×壁厚) mm	理论质量 kg/m
45×4	4.94	55×5	7.52
45×5	5.95	55×6	8.75
45×6	6.87	55×7	9.90
45×7	7.80	55×8	10.95
45×8	8.44	60×4	6.82
50×4	5.56	60×5	8.30
50×5	6.73	60×6	9.69
50×6	7.81	60×7	11.00
50×7	8.80	60×8	12.21
50×8	9.70	65×4	7.45
55×4	6.19	65×5	9.07

续　表

规格(边长×壁厚) mm	理论质量 kg/m	规格(边长×壁厚) mm	理论质量 kg/m
65×6	10.64	75×7	14.29
65×7	12.10	75×8	15.98
65×8	13.47	80×4	9.33
70×4	8.08	80×5	11.44
70×5	9.87	80×6	13.46
70×6	11.58	80×7	15.39
70×7	13.19	80×8	17.23
70×8	14.72	92×5	13.33
75×4	8.70	92×6	15.72
75×5	10.66	92×7	18.03
75×6	12.52	92×8	20.25

续 表

规格(边长×壁厚) mm	理论质量 kg/m	规格(边长×壁厚) mm	理论质量 kg/m
100×5	14.58	108×12.5	34.33
100×6	17.23	108×14	37.36
100×7	19.79	108×16.5	41.90
100×8	22.26	108×18	44.32
108×4.5	14.22	110×4.5	14.50
108×5	15.67	110×5	15.98
108×6	18.49	110×6	18.86
108×7	21.21	110×7	21.99
108×8	23.82	110×8	24.77
108×10	28.75	110×9	27.46
108×12	33.26	110×10	29.37

续　表

规格(边长×壁厚) mm	理论质量 kg/m	规格(边长×壁厚) mm	理论质量 kg/m
110×12	34.01	115×14	40.44
110×14	38.24	115×16	44.56
110×16	42.05	120×4.5	15.91
110×18	45.45	120×5	17.55
115×4.5	15.21	120×6	20.75
115×5	16.77	120×7	23.85
115×6	19.81	120×8	26.84
115×7	22.75	120×10	32.51
115×8	25.58	120×12	37.78
115×10	30.94	120×14	42.63
115×12	35.90	120×16	47.08

续 表

规格(边长×壁厚) mm	理论质量 kg/m	规格(边长×壁厚) mm	理论质量 kg/m
125×5	18.34	130×8	29.35
125×6	21.69	130×10	35.65
125×7	24.95	140×5	20.69
125×8	28.10	140×6	24.52
125×10	34.08	140×7	28.24
125×12	39.67	140×8	31.86
125×14	44.83	140×10	38.79
125×16	49.59	140×12	45.32
130×5	19.12	140×14	51.43
130×6	22.63	140×16	57.12
130×7	26.05	150×6	26.40

续 表

规格(边长×壁厚) mm	理论质量 kg/m	规格(边长×壁厚) mm	理论质量 kg/m
150×7	30.44	160×14	60.22
150×8	34.38	160×16	67.17
150×10	41.93	160×18	73.71
150×12	49.09	180×7	37.04
150×14	55.82	180×8	41.91
150×16	62.15	180×10	51.35
160×6	28.28	180×12	60.39
160×7	32.64	180×14	69.01
160×8	36.89	180×16	77.22
160×10	45.07	180×18	85.02
160×12	52.85	200×8	46.94

续　表

规格(边长×壁厚) mm	理论质量 kg/m	规格(边长×壁厚) mm	理论质量 kg/m
200×10	57.63	250×16	112.39
200×12	67.93	250×18	124.58
200×14	77.80	280×10	82.75
200×16	87.27	280×12	98.07
200×18	96.32	280×14	112.97
250×10	73.33	280×16	127.46
250×12	86.77	280×18	141.54
250×14	99.78		

注：①方形钢管每米理论质量的计算公式为 $G=0.0157S(A+A-2.8584S)$；G——每米钢管的理论质量(kg/m)；A——方形钢管的边长(mm)；S——方形钢管的公称壁厚(mm)。

②钢管按实际质量交货。合同中注明的，也可按理论质量交货（钢的密度为 7.85 kg/dm^3）。

（二）矩形钢管（D－2）的规格和理论质量

规格(长×宽×壁厚) mm	理论质量 kg/m	规格(长×宽×壁厚) mm	理论质量 kg/m
10×5×0.8	0.160	14×10×0.8	0.273
10×5×1	0.191	14×10×1	0.332
12×5×0.8	0.185	14×10×1.5	0.464
12×5×1	0.222	14×10×2	0.574
12×6×0.8	0.197	15×6×0.8	0.235
12×6×1	0.238	15×6×1	0.285
14×6×0.8	0.223	15×6×1.5	0.394
14×6×1	0.269	15×6×2	0.480
14×6×1.5	0.370	16×8×0.8	0.273
14×7×0.8	0.235	16×8×1	0.332
14×7×1	0.285	16×8×1.5	0.464
14×7×1.5	0.394	16×8×2	0.574

续　表

规格(长×宽×壁厚) mm	理论质量 kg/m	规格(长×宽×壁厚) mm	理论质量 kg/m
16×12×0.8	0.323	18×14×0.8	0.373
16×12×1	0.395	18×14×1	0.458
16×12×1.5	0.559	18×14×1.5	0.653
16×12×2	0.700	18×14×2	0.825
18×9×0.8	0.310	20×8×0.8	0.323
18×9×1	0.379	20×8×1	0.395
18×9×1.5	0.535	20×8×1.5	0.559
18×9×2	0.668	20×8×2	0.700
18×10×0.8	0.323	20×10×0.8	0.348
18×10×1	0.395	20×10×1	0.426
18×10×1.5	0.559	20×10×1.5	0.606
18×10×2	0.700	20×10×2	0.763

续　表

规格(长×宽×壁厚) mm	理论质量 kg/m	规格(长×宽×壁厚) mm	理论质量 kg/m
20×12×0.8	0.373	22×14×1.5	0.746
20×12×1	0.458	22×14×2	0.951
20×12×1.5	0.653	22×14×2.5	1.13
20×12×2	0.825	24×12×0.8	0.423
20×12×2.5	0.976	24×12×1	0.520
22×9×0.8	0.361	24×12×1.5	0.747
22×9×1	0.442	24×12×2	0.951
22×9×1.5	0.629	24×12×2.5	1.13
22×9×2	0.794	25×10×0.8	0.411
22×9×2.5	0.936	25×10×1	0.505
22×14×0.8	0.423	25×10×1.5	0.723
22×14×1	0.520	25×10×2	0.920

续 表

规格(长×宽×壁厚) mm	理论质量 kg/m	规格(长×宽×壁厚) mm	理论质量 kg/m
25×10×2.5	1.09	28×14×2.5	1.37
25×15×1	0.583	28×16×1	0.646
25×15×1.5	0.841	28×16×1.5	0.935
25×15×2	1.08	28×16×2	1.20
25×15×2.5	1.29	28×16×2.5	1.45
28×11×1	0.567	28×22×1	0.740
28×11×1.5	0.818	28×22×1.5	1.08
28×11×2	1.05	28×22×2	1.39
28×11×2.5	1.25	28×22×2.5	1.68
28×14×1	0.615	28×22×3	1.95
28×14×1.5	0.888	28×22×3.5	2.20
28×14×2	1.14	30×12×1.5	0.888

续 表

规格(长×宽×壁厚) mm	理论质量 kg/m	规格(长×宽×壁厚) mm	理论质量 kg/m
30×12×2	1.14	32×25×2	1.61
30×12×2.5	1.37	32×25×2.5	1.96
30×12×3	1.57	32×25×3	2.28
32×13×1.5	0.959	35×14×1.5	1.05
32×13×2	1.23	35×14×2	1.36
32×13×2.5	1.49	35×14×2.5	1.64
32×13×3	1.72	35×14×3	1.90
32×16×1.5	1.03	35×14×3.5	2.14
32×16×2	1.33	36×18×1.5	1.17
32×16×2.5	1.60	36×18×2	1.52
32×16×3	1.86	36×18×2.5	1.84
32×25×1.5	1.24	36×18×3	2.14

续　表

规格(长×宽×壁厚) mm	理论质量 kg/m	规格(长×宽×壁厚) mm	理论质量 kg/m
36×18×3.5	2.42	40×20×2	1.70
36×28×2	1.83	40×20×2.5	2.07
37×15×2	1.45	40×20×3	2.42
37×15×2.5	1.76	40×20×3.5	2.75
37×15×3	2.05	40×20×4	3.05
37×15×3.5	2.31	40×25×2	1.86
37×15×4	2.55	40×25×2.5	2.27
40×16×2	1.58	40×25×3	2.66
40×16×2.5	1.92	40×25×3.5	3.02
40×16×3	2.23	40×25×4	3.36
40×16×3.5	2.53	42×30×2	2.08
40×16×4	2.80	45×30×2	2.18

续 表

规格(长×宽×壁厚) mm	理论质量 kg/m	规格(长×宽×壁厚) mm	理论质量 kg/m
45×30×2.5	2.66	55×38×3.5	4.56
45×30×3	3.13	55×38×4	5.12
45×30×3.5	3.57	60×40×3.5	4.95
45×30×4	3.99	60×40×4	5.56
48×30×2	2.27	60×40×5	6.73
48×30×2.5	2.78	70×50×4	6.82
50×32×2	2.40	70×50×5	8.30
50×32×2.5	2.94	70×50×6	9.69
50×32×3	3.46	70×50×7	10.99
55×38×2	2.74	80×60×4	8.07
55×38×2.5	3.37	80×60×5	9.87
55×38×3	3.98	80×60×6	11.57

续 表

规格(长×宽×壁厚) mm	理论质量 kg/m	规格(长×宽×壁厚) mm	理论质量 kg/m
80×60×7	13.19	110×50×8	19.68
90×60×4	8.70	110×70×5	13.87
90×60×5	10.65	110×70×6	16.65
90×60×6	12.52	110×70×8	22.19
90×60×7	14.29	110×75×5	13.40
100×70×5	12.22	110×75×6	15.81
100×70×6	14.40	110×75×7	18.13
100×70×7	16.48	110×75×8	20.36
100×70×8	18.48	120×40×4	9.84
110×50×4	9.84	120×40×5	12.30
110×50×5	12.30	120×40×6	14.77
110×50×6	14.77	120×40×8	19.68

续　表

规格(长×宽×壁厚) mm	理论质量 kg/m	规格(长×宽×壁厚) mm	理论质量 kg/m
120×60×4.5	12.48	130×85×8	24.13
120×60×6	16.65	130×85×9	26.75
120×60×8	22.19	140×40×4.5	12.48
120×60×10	27.74	140×40×6	16.65
120×80×4.5	13.89	140×40×8	22.19
120×80×6	17.22	140×60×4.5	13.89
120×80×7	19.78	140×60×6	18.53
120×80×8	22.25	140×60×8	24.70
120×80×9	24.63	140×60×10	30.88
120×80×10	30.88	140×60×12	37.06
130×85×6	18.64	140×80×7	21.98
130×85×7	21.43	140×80×8	24.76

续 表

规格(长×宽×壁厚) mm	理论质量 kg/m	规格(长×宽×壁厚) mm	理论质量 kg/m
140×80×9	27.45	150×75×7	22.53
140×80×10	30.05	150×75×8	25.39
140×90×6	21.36	150×75×9	28.16
140×90×8	28.47	150×75×10	30.84
140×90×10	35.59	160×60×4.5	15.31
140×90×12	42.71	160×60×5	17.01
140×90×14	49.83	160×60×6	20.42
140×120×7	28.21	160×60×8	27.22
140×120×8	32.24	160×65×8	25.39
140×120×10	40.30	160×65×9	28.16
140×120×12	48.36	160×65×10	30.84
140×120×14	56.43	160×65×11	33.43

续　表

规格(长×宽×壁厚) mm	理论质量 kg/m	规格(长×宽×壁厚) mm	理论质量 kg/m
160×80×4.5	16.72	160×120×10	43.44
160×80×6	22.30	160×120×12	52.13
160×80×8	29.73	160×120×14	60.82
160×80×10	37.16	160×120×16	69.51
160×80×12	44.60	160×150×6	28.90
160×100×6.5	26.20	160×150×8	38.52
160×100×8	32.24	160×150×10	48.15
160×100×10	40.30	160×150×12	57.78
160×100×12	48.36	160×150×14	67.42
160×100×14	56.43	160×150×16	77.05
160×120×6	26.07	180×80×6.5	26.20
160×120×8	34.75	180×80×8	32.24

续　表

规格(长×宽×壁厚) mm	理论质量 kg/m	规格(长×宽×壁厚) mm	理论质量 kg/m
180×80×10	40.30	200×50×7	27.11
180×80×12	48.36	200×50×8	30.98
180×80×14	56.43	200×80×6	26.07
180×80×16	64.49	200×80×7	30.41
180×100×6	26.07	200×80×8	34.75
180×100×8	34.75	200×80×9	39.10
180×100×10	43.44	200×100×6	27.95
180×100×12	52.13	200×100×7	37.26
180×100×14	60.82	200×100×8	46.58
180×100×16	69.51	200×100×12	55.90
180×100×18	78.20	200×100×14	65.22
200×50×6.5	25.17	200×100×16	74.54

续　表

规格(长×宽×壁厚) mm	理论质量 kg/m	规格(长×宽×壁厚) mm	理论质量 kg/m
200×100×18	83.85	220×200×14	91.59
200×120×6	29.84	220×200×16	104.68
200×120×8	39.78	220×200×18	117.77
200×120×10	49.72	250×150×6.5	40.48
200×120×12	59.67	250×150×8	49.82
200×120×14	69.61	250×150×10	62.28
200×120×16	79.56	250×150×12	74.74
200×120×18	89.51	250×150×14	87.20
220×200×6	39.26	250×150×16	99.66
220×200×8	52.34	250×200×8	56.10
220×200×10	65.42	250×200×10	70.13
220×200×12	78.51	250×200×12	84.16

续　表

规格(长×宽×壁厚) mm	理论质量 kg/m	规格(长×宽×壁厚) mm	理论质量 kg/m
250×200×14	98.19	300×200×16	124.78
250×200×16	112.22	400×200×8	74.94
300×200×8	62.38	400×200×10	93.68
300×200×10	77.98	400×200×12	112.42
300×200×12	93.58	400×200×14	131.16
300×200×14	109.18		

注:①矩形钢管每米理论质量的计算公式为 $G=0.0157S(A+B-2.8584S)$;G——每米钢管的理论质量(kg/m);A,B——矩形钢管的长与宽(mm);S——矩形钢管的公称壁厚(mm)。

②钢管按实际质量交货。合同中注明的,也可按理论质量交货(钢的密度为 7.85 kg/dm^3)。

（三）椭圆形钢管（D－3）的规格和理论质量

规格（长轴×短轴×壁厚） mm	理论质量 kg/m	规格（长轴×短轴×壁厚） mm	理论质量 kg/m
6×3×0.5	0.049 3	10×7×1.2	0.216
8×4×0.5	0.067 8	12×4×0.5	0.092 5
8×4×0.8	0.103	12×4×0.8	0.142
8×4×1	0.123	12×4×1	0.173
8×4×1.2	0.142	12×4×1.2	0.201
10×5×0.5	0.086 4	12×6×0.5	0.105
10×5×0.8	0.132	12×6×0.8	0.162
10×5×1	0.160	12×6×1	0.197
10×5×1.2	0.186	12×6×1.2	0.231
10×7×0.5	0.098 7	14×7×0.5	0.123
10×7×0.8	0.152	14×7×0.8	0.191
10×7×1	0.185	14×7×1	0.234

续 表

规格(长轴×短轴×壁厚) mm	理论质量 kg/m	规格(长轴×短轴×壁厚) mm	理论质量 kg/m
14×7×1.2	0.275	18×8×1.2	0.349
15×5×0.5	0.117	18×9×0.5	0.160
15×5×0.8	0.182	18×9×0.8	0.250
15×5×1	0.222	18×9×1	0.308
15×5×1.2	0.261	18×9×1.2	0.364
16×8×0.5	0.142	20×10×0.5	0.179
16×8×0.8	0.221	20×10×0.8	0.280
16×8×1	0.271	20×10×1	0.345
16×8×1.2	0.320	20×10×1.2	0.408
18×8×0.5	0.154	20×12×0.8	0.300
18×8×0.8	0.240	20×12×1	0.370
18×8×1	0.296	20×12×1.2	0.438

续　表

规格(长轴×短轴×壁厚) mm	理论质量 kg/m	规格(长轴×短轴×壁厚) mm	理论质量 kg/m
20×12×1.5	0.536	26×13×1.5	0.666
24×8×0.8	0.300	30×10×0.8	0.379
24×8×1	0.370	30×10×1	0.469
24×8×1.2	0.438	30×10×1.2	0.556
24×8×1.5	0.536	30×10×1.5	0.684
24×12×0.8	0.339	30×15×0.8	0.428
24×12×1	0.419	30×15×1	0.530
24×12×1.2	0.497	30×15×1.2	0.630
24×12×1.5	0.610	30×15×1.5	0.777
26×13×0.8	0.369	30×18×0.8	0.458
26×13×1	0.456	30×18×1	0.567
26×13×1.2	0.541	30×18×1.2	0.675

续 表

规格(长轴×短轴×壁厚) mm	理论质量 kg/m	规格(长轴×短轴×壁厚) mm	理论质量 kg/m
30×18×1.5	0.832	36×18×1.2	0.763
34×17×0.8	0.487	36×18×1.5	0.944
34×17×1	0.604	36×18×2	1.23
34×17×1.2	0.719	38×26×1	0.765
34×17×1.5	0.888	38×26×1.2	0.911
34×17×2	1.16	38×26×1.5	1.13
36×12×0.8	0.458	38×26×2	1.48
36×12×1	0.567	40×20×1	0.715
36×12×1.2	0.675	40×20×1.2	0.852
36×12×1.5	0.832	40×20×1.5	1.05
36×18×0.8	0.518	40×20×2	1.38
36×18×1	0.641	43×32×1	0.900

续 表

规格(长轴×短轴×壁厚) mm	理论质量 kg/m	规格(长轴×短轴×壁厚) mm	理论质量 kg/m
43×32×1.2	1.08	45×23×1.2	0.970
43×32×1.5	1.33	45×23×1.5	1.20
43×32×2	1.75	45×23×2	1.58
44×22×1	0.789	45×28×1	0.875
44×22×1.2	0.941	45×28×1.2	1.05
44×22×1.5	1.17	45×28×1.5	1.29
44×22×2	1.53	45×28×2	1.70
45×15×1	0.715	50×25×1	0.900
45×15×1.2	0.852	50×25×1.2	1.08
45×15×1.5	1.05	50×25×1.5	1.33
45×15×2	1.38	50×25×2	1.75
45×23×1	0.814	50×39×1	1.07

续 表

规格（长轴×短轴×壁厚） mm	理论质量 kg/m	规格（长轴×短轴×壁厚） mm	理论质量 kg/m
50×39×1.2	1.28	55×23×1	0.937
50×39×1.5	1.59	55×23×1.2	1.12
50×39×2	2.10	55×23×1.5	1.39
51×17×1	0.814	55×23×2	1.82
51×17×1.2	0.970	55×35×1	1.09
51×17×1.5	1.20	55×35×1.2	1.30
51×17×2	1.58	55×35×1.5	1.61
54×28×1	0.987	55×35×2	2.12
54×28×1.2	1.18	55×35×2.5	2.62
54×28×1.5	1.46	56×28×1	1.01
54×28×2	1.92	56×28×1.2	1.21

续 表

规格(长轴×短轴×壁厚) mm	理论质量 kg/m	规格(长轴×短轴×壁厚) mm	理论质量 kg/m
56×28×1.5	1.50	60×30×2	2.12
56×28×2	1.97	60×30×2.5	2.62
56×28×2.5	2.44	64×32×1	1.16
60×20×1	0.962	64×32×1.2	1.39
60×20×1.2	1.15	64×32×1.5	1.72
60×20×1.5	1.42	64×32×2	2.27
60×20×2	1.88	64×32×2.5	2.81
60×20×2.5	2.31	65×35×1	1.21
60×30×1	1.09	65×35×1.2	1.44
60×30×1.2	1.30	65×35×1.5	1.80
60×30×1.5	1.61	65×35×2	2.37

续 表

规格（长轴×短轴×壁厚） mm	理论质量 kg/m	规格（长轴×短轴×壁厚） mm	理论质量 kg/m
65×35×2.5	2.93	72×24×2.5	2.81
66×22×1	1.06	76×38×1.5	2.05
66×22×1.2	1.27	76×38×2	2.71
66×22×1.5	1.57	76×38×2.5	3.36
66×22×2	2.07	80×40×1.5	2.16
66×22×2.5	2.56	80×40×2	2.86
70×35×1.5	1.89	80×40×2.5	3.55
70×35×2	2.49	81×27×1.5	1.94
70×35×2.5	3.08	81×27×2	2.57
72×24×1.5	1.72	81×27×2.5	3.18
72×24×2	2.27	84×42×1.5	2.28

续　表

规格(长轴×短轴×壁厚) mm	理论质量 kg/m	规格(长轴×短轴×壁厚) mm	理论质量 kg/m
84×42×2	3.01	84×56×2.5	4.16
84×42×2.5	3.73	90×30×1.5	2.76
84×56×1.5	2.53	90×30×2	2.86
84×56×2	3.35	90×30×2.5	3.55

注:①椭圆形钢管每米理论质量的计算公式为 $G=0.0123S(A+B-2S)$;G——每米钢管的理论质量(kg/m);A,B——椭圆形钢管的长轴与短轴(mm);S——椭圆形钢管的公称壁厚(mm)。

②钢管按实际质量交货。合同中注明的,也可按理论质量交货(钢的密度为 7.85 kg/dm^3)。

(四)平椭圆形钢管(D-4)的规格和理论质量

规格(长×宽×壁厚) mm	理论质量 kg/m	规格(长×宽×壁厚) mm	理论质量 kg/m
6×3×0.8	0.081 1	14×7×1.5	0.368
8×4×0.8	0.113	15×5×0.8	0.209
8×4×1	0.137	15×5×1	0.256
9×3×0.8	0.119	15×5×1.5	0.365
10×5×0.8	0.146	16×8×0.8	0.243
10×5×1	0.177	16×8×1	0.298
12×4×0.8	0.164	16×8×1.5	0.429
12×4×1	0.200	17×8.5×0.8	0.259
12×6×0.8	0.178	17×8.5×1	0.318
12×6×1	0.218	17×8.5×1.5	0.459
14×7×0.8	0.210	17×8.5×1.8	0.538
14×7×1	0.258	17×8.5×2	0.588

续　表

规格(长×宽×壁厚) mm	理论质量 kg/m	规格(长×宽×壁厚) mm	理论质量 kg/m
18×6×0.8	0.253	20×10×2	0.709
18×6×1	0.312	21×7×1	0.368
18×6×1.5	0.449	21×7×1.5	0.533
18×6×1.8	0.526	21×7×1.8	0.627
18×6×2	0.574	21×7×2	0.686
18×9×1	0.339	24×8×1	0.424
18×9×1.5	0.489	24×8×1.5	0.617
18×9×1.8	0.574	24×8×1.8	0.727
18×9×2	0.628	24×8×2	0.798
20×10×1	0.379	24×12×1	0.460
20×10×1.5	0.550	24×12×1.5	0.671
20×10×1.8	0.647	24×12×1.8	0.792

续　表

规格(长×宽×壁厚) mm	理论质量 kg/m	规格(长×宽×壁厚) mm	理论质量 kg/m
24×12×2	0.870	27×8.5×2	0.901
25×18.5×1	0.535	27×8.5×1.8	0.820
25×18.5×1.5	0.782	27×13.5×1	0.520
25×18.5×1.8	0.926	27×13.5×1.5	0.762
25×18.5×2	1.02	27×13.5×1.8	0.901
26×13×1	0.500	27×13.5×2	0.992
26×13×1.5	0.732	30×10×1	0.536
26×13×1.8	0.864	30×10×1.5	0.786
26×13×2	0.951	30×10×2	1.02
27×8.5×1	0.475	30×15×1	0.581
27×8.5×1.5	0.695	30×15×1.5	0.853

续 表

规格(长×宽×壁厚) mm	理论质量 kg/m	规格(长×宽×壁厚) mm	理论质量 kg/m
30×15×2	1.11	40×20×1.5	1.16
34×17×1	0.662	40×20×2	1.52
34×17×1.5	0.973	45×15×1	0.816
34×17×2	1.27	45×15×1.5	1.21
36×12×1	0.648	45×15×2	1.58
36×12×1.5	0.954	50×25×1	0.924
36×12×2	1.25	50×25×1.5	1.46
39×13×1	0.704	50×25×2	1.92
39×13×1.5	1.04	51×17×1	0.929
39×13×2	1.36	51×17×1.5	1.37
40×20×1	0.783	51×17×2	1.81

续 表

规格(长×宽×壁厚) mm	理论质量 kg/m	规格(长×宽×壁厚) mm	理论质量 kg/m
60×20×1	1.10	66×22×2	2.37
60×20×1.5	1.63	69×17×1	1.21
60×20×2	2.14	69×17×1.5	1.80
60×30×1	1.19	69×17×2	2.37
60×30×1.5	1.76	70×35×1	1.39
60×30×2	2.32	70×35×1.5	2.06
64×32×1	1.27	70×35×2	2.73
64×32×1.5	1.88	72×24×1.5	1.96
64×32×2	2.49	72×24×2	2.59
66×22×1	1.21	72×24×2.5	3.21
66×22×1.5	1.80	80×40×1.5	2.37

续　表

规格(长×宽×壁厚) mm	理论质量 kg/m	规格(长×宽×壁厚) mm	理论质量 kg/m
80×40×2	3.13	81×27×2.5	3.63
80×40×2.5	3.88	90×30×1.5	2.47
81×27×1.5	2.22	90×30×2	3.27
81×27×2	2.93	90×30×2.5	4.05

注:①平椭圆形钢管每米理论质量的计算公式为 $G=0.0157S(A+0.5708B-1.5708S)$;$G$——每米钢管的理论质量(kg/m);$A$,$B$——平椭圆钢管的长与宽(mm);$S$——平椭圆钢管的公称壁厚(mm)。

②钢管按实际质量交货。合同中注明的,也可按理论质量交货(钢的密度为 7.85 kg/dm^3)。

（五）内外六角形钢管（D－5）的规格和理论质量

规格（对边距离×壁厚） mm	理论质量 kg/m	规格（对边距离×壁厚） mm	理论质量 kg/m
8×1.5	0.251	19×1.5	0.700
8×2	0.301	19×2	0.899
10×1.5	0.333	19×2.5	1.08
10×2	0.410	19×3	1.25
12×1.5	0.414	22×1.5	0.822
12×2	0.519	22×2	1.06
14×1.5	0.496	22×2.5	1.29
14×2	0.627	22×3	1.49
17×1.5	0.618	24×2	1.17
17×2	0.791	24×2.5	1.42
17×2.5	0.946	24×3	1.66
17×3	1.09	24×4	2.07

续 表

规格（对边距离×壁厚） mm	理论质量 kg/m	规格（对边距离×壁厚） mm	理论质量 kg/m
27×2	1.33	32×3	2.31
27×2.5	1.63	32×3.5	2.63
27×3	1.90	32×4	2.94
27×3.5	2.16	36×2	1.82
27×4	2.40	36×2.5	2.24
30×2	1.50	36×3	2.64
30×2.5	1.83	36×3.5	3.02
30×3	2.15	36×4	3.38
30×3.5	2.44	41×3	3.04
30×4	2.73	41×3.5	3.49
32×2	1.61	41×4	3.92
32×2.5	1.97	41×4.5	4.34

续 表

规格(对边距离×壁厚) mm	理论质量 kg/m	规格(对边距离×壁厚) mm	理论质量 kg/m
41×5	4.74	65×3.5	5.78
46×3	3.45	65×4	6.53
46×3.5	3.97	65×4.5	7.28
46×4	4.47	65×5	8.00
46×4.5	4.95	75×4	7.62
46×5	5.42	75×4.5	8.50
55×3	4.19	75×5	9.36
55×3.5	4.82	75×5.5	10.20
55×4	5.45	75×6	11.03
55×4.5	6.05	85×4	8.71
55×5	6.64	85×4.5	9.72
65×3	5.00	85×5	10.72

续 表

规格(对边距离×壁厚) mm	理论质量 kg/m	规格(对边距离×壁厚) mm	理论质量 kg/m
85×5.5	11.70	95×6	14.29
85×6	12.66	105×4	10.88
95×4	9.80	105×4.5	12.17
95×4.5	10.95	105×5	13.44
95×5	12.08	105×5.5	14.69
95×5.5	13.19	105×6	15.92

注:①内外六角形钢管每米理论质量的计算公式为 $G=0.02719S(B-1.2327S)$;

G——每米钢管的理论质量(kg/m);B——内外六角钢管的对边距离(mm);

S——内外六角钢管的公称壁厚(mm)。

②钢管按实际质量交货。合同中注明的,也可按理论质量交货(钢的密度为 $7.85\ kg/dm^3$)。

(六)直角梯形钢管(D－6)

规　格 (下底×上底×高×壁厚) mm	理论质量 kg/m	规　格 (下底×上底×高×壁厚) mm	理论质量 kg/m
25×10×30×2	1.32	50×40×35×1.5	1.78
30×25×20×2	1.32	50×40×30×1.5	1.66
30×25×30×1.5	1.25	50×40×30×1.7	1.87
32×25×20×2	1.35	50×35×60×2.2	3.34
35×20×35×1.8	1.62	50×45×30×1.2	1.39
35×30×25×2	1.64	50×45×30×1.4	1.61
35×25×30×2	1.71	50×45×30×1.7	1.94
45×40×60×1.5	2.31	50×45×30×1.8	2.05
45×32×50×1.8	2.36	50×45×30×2	2.27

续表

规　格 （下底×上底×高×壁厚） mm	理论质量 kg/m	规　格 （下底×上底×高×壁厚） mm	理论质量 kg/m
50×45×40×1.8	2.33	55×50×40×1.8	2.48
53×48×47×1.7	2.48	60×55×50×1.5	2.43

注：①直角梯形钢管每米理论质量的计算公式为 $G=\left[2HS+AS+BS-\frac{\alpha}{\tan(\alpha/2)}+0.01746\alpha-4.7529S^2\right]\times0.00785$；$\alpha=\arctan[H/(A-B)]$；$G$——每米钢管的理论质量（kg/m）；$A$——直角梯形钢管的下底（mm）；$B$——直角梯形钢管的上底（mm）；$S$——直角梯形钢管的公称壁厚（mm）；$H$——直角梯形钢管的高（mm）。

②钢管按实际质量交货。合同中注明的，也可按理论质量交货（钢的密度为 7.85 kg/dm^3）。

低压流体输送用焊接钢管(GB/T 3091—2001)

一、外径、壁厚和理论质量

(一)公称外径不大于 168.3 mm 的钢管

公称口径		公称外径	管体外径允许偏差	普通钢管		加厚钢管	
mm	in	mm		公称壁厚 mm	理论质量 kg/m	公称壁厚 mm	理论质量 kg/m
6	1/8	10.2	±0.5mm	2.0	0.40	2.5	0.47
8	1/4	13.5		2.5	0.68	2.8	0.74
10	3/8	17.2		2.5	0.91	2.8	0.99
15	1/2	21.3		2.8	1.28	3.5	1.54
20	3/4	26.9		2.8	1.66	3.5	2.02
25	1	33.7		3.2	2.41	4.0	2.93
32	$1\frac{1}{4}$	42.4		3.5	3.36	4.0	3.79
40	$1\frac{1}{2}$	48.3		3.5	3.87	4.5	4.86

续 表

公称口径		公称外径	管体外径允许偏差	普通钢管		加厚钢管	
				公称壁厚	理论质量	公称壁厚	理论质量
mm	in	mm		mm	kg/m	mm	kg/m
50	2	60.3	±1.0%	3.8	5.29	4.5	6.19
65	$2\frac{1}{2}$	76.1		4.0	7.11	4.5	7.95
80	3	88.9		4.0	8.38	5.0	10.35
100	4	114.3		4.0	10.88	5.0	13.48
125	5	139.7		4.0	13.39	5.5	18.20
150	6	168.3		4.5	18.18	6.0	24.02

注：①钢管按实际质量交货，也可按理论质量交货。钢管每米理论质量的计算公式为 $W=0.0246615(D-S)S$；W——钢管的每米理论质量（kg/m）；D——钢管的公称外径（mm）；S——钢管的公称壁厚（mm）。修约到最邻近的0.01 kg/m。

②表中公称口径系近似内径的名义尺寸，不表示公称外径减去两个公称壁厚所得的内径。

③根据需方要求，经供需双方协议，并在合同中注明，可供表中规定以外尺寸的钢管。

（二）公称外径大于 168.3 mm 的钢管

公称外径 mm	公称壁厚/mm 4.0	4.5	5.0	5.5	6.0	6.5	7.0	8.0
	理论质量/(kg/m)							
177.8	17.14	19.23	21.31	23.37	25.42			
193.7	18.71	21.00	23.27	25.53	27.77			
219.1	21.22	23.82	26.40	28.97	31.53	34.08	36.61	41.65
244.5	23.72	26.63	29.53	32.42	35.29	38.15	41.00	46.66
273.0			33.05	36.28	39.51	42.72	45.92	52.28
323.9			39.32	43.19	47.04	50.88	54.71	62.32
355.6				47.49	51.73	55.96	60.18	68.58
406.4				54.38	59.25	64.10	68.95	78.60
457.2				61.27	66.76	72.25	77.72	88.62
508				68.16	74.28	80.39	86.49	98.65
559				75.08	81.83	88.57	95.29	108.71
610				81.99	89.37	96.74	104.10	118.77

续 表

公称外径 mm	公称壁厚/mm						
	9.0	10.0	11.0	12.5	14.0	15.0	16.0
	理论质量/(kg/m)						
177.8							
193.7							
219.1	46.63	51.57					
244.5	52.27	57.83					
273.0	58.60	64.86					
323.9	69.89	77.41	84.88	95.99			
355.6	76.93	85.23	93.48	105.77			
406.4	88.20	97.76	107.26	121.43			
457.2	99.48	110.29	121.04	137.09			
508	110.75	122.81	134.82	152.75			
559	122.07	135.39	148.66	168.47	188.17	201.24	214.26
610	133.39	147.97	162.49	184.19	205.78	220.10	234.38

续 表

公称外径 mm	公称壁厚/mm							
	6.0	6.5	7.0	8.0	9.0	10.0	11.0	13.0
	理论质量/(kg/m)							
660	96.77	104.76	112.73	128.63	144.49	160.30	176.06	207.43
711	104.32	112.93	121.53	138.70	155.81	172.88	189.89	223.78
762	111.86	121.11	130.34	148.76	167.13	185.45	203.73	240.13
813	119.41	129.28	139.14	158.82	178.45	198.03	217.56	256.48
864	126.96	137.46	147.94	168.88	189.77	210.61	231.40	272.83
914	134.36	145.47	156.58	178.75	200.87	222.94	244.96	288.86
1 016	149.45	161.82	174.18	198.87	223.51	248.09	272.63	321.56
1 067	157.00	170.00	182.99	208.93	234.83	260.67	286.47	337.91
1 118	164.54	178.17	191.79	218.99	246.15	273.25	300.30	354.26
1 168	171.94	186.19	200.42	228.86	257.24	285.58	313.87	370.29
1 219	179.49	194.36	209.23	238.92	268.56	298.16	327.70	386.64
1 321	194.58	210.71	226.84	259.04	291.20	323.31	355.37	419.34
1 422	209.52	226.90	244.27	278.97	313.62	348.22	382.77	451.72
1 524	224.62	243.25	261.88	299.09	336.26	373.38	410.44	484.43
1 626	239.71	259.61	279.49	319.22	358.90	398.53	438.11	517.13

续 表

公称外径 mm	公称壁厚/mm							
	14.0	15.0	16.0	18.0	19.0	20.0	22.0	25.0
	理论质量/(kg/m)							
660	223.04	238.60	254.11	284.99	300.35	315.67	346.15	391.50
711	240.65	257.47	274.24	307.63	324.25	340.82	373.82	422.94
762	258.26	276.33	294.36	330.27	348.15	365.98	401.49	454.39
813	275.86	295.20	314.48	352.91	372.04	391.13	429.16	485.83
864	293.47	314.06	334.61	375.55	395.94	416.29	456.83	517.27
914	310.73	332.56	354.34	397.74	419.37	440.95	483.96	548.10
1 016	345.95	370.29	394.58	443.02	467.16	491.26	539.30	610.99
1 067	363.56	389.16	414.71	465.66	491.06	516.41	566.97	642.43
1 118	381.17	408.02	434.83	488.30	514.96	541.57	594.64	673.88
1 168	398.43	426.52	454.56	510.49	538.39	566.23	621.77	704.70
1 219	416.04	445.39	474.68	533.13	562.28	591.38	649.44	736.15
1 321	451.26	483.12	514.93	578.41	610.08	641.69	704.78	799.03
1 422	486.13	520.48	554.79	623.25	657.40	691.51	759.57	861.30
1 524	521.34	558.21	595.03	668.52	705.20	741.82	814.91	924.19
1 626	556.56	595.95	635.28	713.80	752.99	792.13	870.26	987.08

注:根据需方要求,经供需双方协议,并在合同中注明,可供表中规定以外尺寸的钢管。

(三)公称外径不大于 168.3 mm 的镀锌钢管

公称口径		普通镀锌钢管			加厚镀锌钢管		
mm	in	公称壁厚 mm	镀锌钢管的质量系数	理论质量 kg/m	公称壁厚 mm	镀锌钢管的质量系数	理论质量 kg/m
6	1/8	2.0	1.064	0.43	2.5	1.051	0.49
8	1/4	2.5	1.051	0.71	2.8	1.045	0.77
10	3/8	2.5	1.051	0.96	2.8	1.045	1.03
15	1/2	2.8	1.045	1.34	3.5	1.036	1.60
20	3/4	2.8	1.045	1.73	3.5	1.036	2.09
25	1	3.2	1.040	2.51	4.0	1.032	3.02
32	$1\frac{1}{4}$	3.5	1.036	3.48	4.0	1.032	3.91
40	$1\frac{1}{2}$	3.5	1.036	4.01	4.5	1.028	5.00
50	2	3.8	1.034	5.47	4.5	1.028	6.36
65	$2\frac{1}{2}$	4.0	1.032	7.34	4.5	1.028	8.17
80	3	4.0	1.032	8.65	5.0	1.025	10.61

续　表

公称口径		普通镀锌钢管			加厚镀锌钢管		
mm	in	公称壁厚 mm	镀锌钢管的质量系数	理论质量 kg/m	公称壁厚 mm	镀锌钢管的质量系数	理论质量 kg/m
100	4	4.0	1.032	11.23	5.0	1.025	13.82
125	5	4.0	1.032	13.82	5.5	1.023	18.62
150	6	4.5	1.028	18.69	6.0	1.021	24.52

注:①镀锌钢管以实际质量交货,也可按理论质量交货。镀锌钢管每米理论质量的计算公式为 $W=CW_1$;W——镀锌钢管的每米理论质量(kg/m);W_1——黑管每米的理论质量(kg/m);C——镀锌钢管比黑管增加的质量系数。修约到最邻近的0.01 kg/m。

②镀锌钢管的公称外径与钢管相同。

二、允许偏差

(一)钢管外径、壁厚的允许偏差

公称外径 D mm	管体外径 允许偏差	管端外径允许偏差 (距管端 100 mm 范围内) mm	壁厚允许偏差 %
$D \leqslant 48.3$	±0.5 mm	—	±12.5
$48.3 < D \leqslant 168.3$	±1.0%	—	
$168.3 < D \leqslant 508$	±0.75%	+2.4 -0.8	
$D > 508$	±1.0%	+3.0 -0.8	

注:钢管的椭圆度应不超过公称外径的 ±0.75%。

（二）长度允许偏差

1. 通常长度

电阻焊(ERW)钢管的通常长度为4 000～12 000 mm。

埋弧焊(SAW)钢管的通常长度为3 000～12 000 mm。

2. 定尺长度

钢管的定尺长度应在通常长度范围内，其允许偏差为$^{+20}_{0}$ mm。

3. 倍尺长度

钢管的倍尺长度应在通常长度范围内，其允许偏差为$^{+20}_{0}$ mm，每个倍尺应留出5～10 mm的切口余量。

（三）弯曲度

公称外径不大于168.3 mm的钢管，应为使用性平直，或经供需双方协议规定弯曲度指标。

公称外径大于168.3 mm的钢管，弯曲度应不大于钢管全长的0.2%。

三、镀锌钢管的质量系数

公称壁厚 S mm	2.0	2.5	2.8	3.2	3.5	3.8	4.0	4.5
镀锌钢管的质量系数 c	1.064	1.051	1.045	1.040	1.036	1.034	1.032	1.028
公称壁厚 S mm	5.0	5.5	6.0	6.5	7.0	8.0	9.0	10.0
镀锌钢管的质量系数 c	1.025	1.023	1.021	1.020	1.018	1.016	1.014	1.013

普通碳素钢电线套管(GB 3640—1988)

公称尺寸 mm	外　径 mm	外径允许偏差 mm	壁　厚 mm	理论质量 kg/m
13	12.70	±0.20	1.60	0.438
16	15.88	±0.20	1.60	0.581
19	19.05	±0.25	1.80	0.766
25	25.40	±0.25	1.80	1.048
32	31.75	±0.25	1.80	1.329
38	38.10	±0.25	1.80	1.611
51	50.80	±0.30	2.00	2.407
64	63.50	±0.30	2.50	3.760
76	76.20	±0.30	3.20	5.761

注:①交货时,每支钢管应附带一个管接头,在计算钢管理论质量时,应另外加管接头质量。

②钢管通常长度为3~9 m。

重要用途钢丝绳(GB 8918—2006)

一、定义

重要用途钢丝绳是指用于矿井提升、高炉卷扬、大型浇铸、石油钻井、大型吊装、繁忙起重、索道、地面缆车、船舶和海上设施等的圆股及异形股钢丝绳。

二、分类

钢丝绳按其股的断面、股数和股外层钢丝的数目分类,详见下表。在圆股和异形股钢丝绳中,如果需方没有明确要求某种结构的钢丝绳时,在同一组别内,结构的选择由供方自行确定。

钢丝绳按捻法分为右交互捻(ZS)、左交互捻(SZ)、右同向捻(ZZ)和左同向捻(SS)四种。

组别	类　别		分类原则	典型结构		直径范围
				钢丝绳	股　绳	mm
1	圆股钢丝绳	6×7	6个圆股，每股外层丝可到7根，中心丝（或无）外捻制1～2层钢丝，钢丝等捻距	6×7 6×9W	(1+6) (3+3/3)	8～36 14～36
2		6×19	6个圆股，每股外层丝8～12根，中心丝外捻制2～3层钢丝，钢丝等捻距	6×19S 6×19W 6×25Fi 6×26WS 6×31WS	(1+9+9) (1+6+6/6) (1+6+6F+12) (1+5+5/5+10) (1+6+6/6+12)	12～36 12～40 12～44 20～40 22～46
3		6×37	6个圆股，每股外层丝14～18根，中心丝外捻制3～4层钢丝，钢丝等捻距	6×29Fi 6×36WS 6×37S(点线接触) 6×41WS 6×49SWS 6×55SWS	(1+7+7F+14) (1+7+7/7+14) (1+6+15+15) (1+8+8/8+16) (1+8+8+8/8+16) (1+9+9+9/9+18)	14～44 18～60 20～60 32～56 36～60 36～64

续 表

组别	类别		分类原则	典型结构		直径范围
				钢丝绳	股绳	mm
4	圆股钢丝绳	8×19	8个圆股，每股外层丝8～12根，中心丝外捻制2～3层钢丝，钢丝等捻距	8×19S 8×19W 8×25Fi 8×26WS 8×31WS	(1+9+9) (1+6+6/6) (1+6+6F+12) (1+5+5/5+10) (1+6+6/6+12)	20～44 18～48 16～52 24～48 26～56
5		8×37	8个圆股，每股外层丝14～18根，中心丝外捻制3～4层钢丝，钢丝等捻距	8×36WS 8×41WS 8×49SWS 8×55SWS	(1+7+7/7+14) (1+8+8/8+16) (1+8+8+8/8+16) (1+9+9+9/9+18)	22～60 40～56 44～64 44～64
6		18×7	钢丝绳中有17或18个圆股，每股外层丝4～7根，在纤维芯或钢芯外捻制2层股	17×7 18×7	(1+6) (1+6)	12～60 12～60

续 表

组别	类　别		分类原则	典型结构		直径范围
				钢丝绳	股　绳	mm
7	圆股钢丝绳	18×19	钢丝绳中有17或18个圆股,每股外层丝8～12根,钢丝等捻距,在纤维芯或钢芯外捻制2层股	18×19W 18×19S	(1+6+6/6) (1+9+9)	24～60 28～60
8		34×7	钢丝绳中有34～36个圆股,每股外层丝可到7根,在纤维芯或钢芯外捻制3层股	34×7 36×7	(1+6) (1+6)	16～60 20～60
9		35W×7	钢丝绳中有24～40个圆股,每股外层丝4～8根,在纤维芯或钢芯(钢丝)外捻制3层股	35W×7 24W×7	(1+6)	16～60

续 表

组别	类别		分类原则	典型结构		直径范围 mm
				钢丝绳	股绳	
10	异形股钢丝绳	6V×7	6个三角形股，每股外层丝7~9根，三角形股芯外捻制1层钢丝	6V×18 6V×19	(/3×2+3/+9) (/1×7+3/+9)	20~36 20~36
11		6V×19	6个三角形股，每股外层丝10~14根，三角形股芯或纤维芯外捻制2层钢丝	6V×21 6V×24 6V×30 6V×34	(FC+9+12) (FC+12+12) (6+12+12) (/1×7+3/+12+12)	18~36 18~36 20~38 28~44
12		6V×37	6个三角形股，每股外层丝15~18根，三角形股芯外捻制2层钢丝	6V×37 6V×37S 6V×43	(/1×7+3/+12+15) (/1×7+3/+12+15) (/1×7+3/+15+18)	32~52 32~52 38~58

续　表

<table>
<tr><th rowspan="2">组别</th><th rowspan="2" colspan="2">类　别</th><th rowspan="2">分类原则</th><th colspan="2">典型结构</th><th>直径范围</th></tr>
<tr><th>钢丝绳</th><th>股　绳</th><th>mm</th></tr>
<tr><td>13</td><td rowspan="2">异形股钢丝绳</td><td>4V×39</td><td>4个扇形股,每股外层丝15~18根,纤维股芯外捻制3层钢丝</td><td>4V×39S
4V×48S</td><td>(FC+9+15+15)
(FC+12+18+18)</td><td>16~36
20~40</td></tr>
<tr><td>14</td><td>6Q×19+6V×21</td><td>钢丝绳中有12~14个股,在6个三角形股外,捻制6~8个椭圆股</td><td>6Q×19+6V×21
6Q×33+6V×21</td><td>外股(5+14)
内股(FC+9+12)
外股(5+13+15)
内外(FC+9+12)</td><td>40~52
40~60</td></tr>
</table>

注:①13组及11组中异形股钢丝绳中6V×21、6V×24结构仅为纤维绳芯,其余组别的钢丝绳,可由需方指定纤维芯或钢芯。

②三角形股芯的结构可以相互代替,或改用其他结构的三角形股芯,但应在订货合同中注明。

三、主要用途

钢丝绳的主要用途推荐见下表。

用途	名称	结构	备注
立井提升	三角股钢丝绳	6V×37S　6V×37　6V×34　6V×30 6V×43　6V×21	
	线接触钢丝绳	6×19S　6×19W　6×25Fi　6×29Fi 6×26WS　6×31WS　6×36WS　6×41WS	推荐同向捻
	多层股钢丝绳	18×7　17×7　35W×7　24W×7	用于钢丝绳罐道的立井
		6Q×19+6V×21　6Q×33+6V×21	
开凿立井提升(建井用)	多层股钢丝绳及异形股钢丝绳	6Q×33+6V×21　17×7　18×7　34×7 36×7　6Q×19+6V×21　4V×39S 4V×48S　35W×7　24W×7	
立井平衡绳	钢丝绳	6×37S　6×36WS　4V×39S　4V×48S	仅适用于交互捻
	多层股钢丝绳	17×7　18×7　34×7　36×7　35W×7 24W×7	仅适用于交互捻

续 表

用途	名称	结构	备注
斜井提升（绞车）	三角股钢丝绳	6V×18　6V×19	
	钢丝绳	6×7　6×9W	推荐同向捻
高炉卷扬	三角股钢丝绳	6V×37S　6V×37　6V×30　6V×34　6V×43	
	线接触钢丝绳	6×19S　6×25Fi　6×29Fi　6×26WS　6×31WS　6×36WS　6×41WS	
立井罐道及索道	三角股钢丝绳	6V×18　6V×19	
	多层股钢丝绳	18×7　17×7	推荐同向捻
露天斜坡卷扬	三角股钢丝绳	6V×37S　6V×37　6V×30　6V×34　6V×43	
	线接触钢丝绳	6×36WS　6×37S　6×41WS　6×49SWS　6×55SWS	推荐同向捻
石油钻井	线接触钢丝绳	6×19S　6×19W　6×25Fi　6×29Fi　6×26WS　6×31WS　6×36WS	也可采用钢芯
钢绳牵引胶带运输机、索道及地面缆车	线接触钢丝绳	6×19S　6×19W　6×25Fi　6×29Fi　6×26WS　6×31WS　6×36WS　6×41WS	推荐同向捻，6×19W不适合索道

续 表

用途		名称	结构	备注
挖掘机（电铲卷扬）		线接触钢丝绳	6×19S+IWR 6×25Fi+IWR 6×19W+IWR 6×29Fi+IWR 6×26WS+IWR 6×31WS+IWR 6×36WS+IWR 6×55SWS+IWR 6×49SWS+IWR 35W×7 24W×7	推荐同向捻
		三角股钢丝绳	6V×30 6V×34 6V×37 6V×37S 6V×43	
起重机	大型浇铸吊车	线接触钢丝绳	6×19S+IWR 6×19W+IWR 6×25Fi+IWR 6×36WS+IWR 6×41WS+IWR	
	港口装卸、水利工程及建筑用塔式起重机	多层股钢丝绳	18×19S 18×19W 34×7 36×7 35W×7 24W×7	
		四股扇形股钢丝绳	4V×39S 4V×48S	

续 表

用途	名称	结构	备注
起重机 繁忙起重及其他重要用途	线接触钢丝绳	6×19S 6×19W 6×25Fi 6×29Fi 6×26WS 6×31WS 6×36WS 6×37S 6×41WS 6×49SWS 6×55SWS 8×19S 8×19W 8×25Fi 8×26WS 8×31WS 8×36WS 8×41WS 8×49SWS 8×55SWS	
	四股扇形股钢丝绳	4V×39S 4V×48S	
热移钢机（轧钢厂推钢台）	线接触钢丝绳	6×19S+IWR 6×19W+IWR 6×25Fi+IWR 6×29Fi+IWR 6×31WS+IWR 6×37S+IWR 6×36WS+IWR	
船舶装卸	线接触钢丝绳	6×19W 6×25Fi 6×29Fi 6×31WS 6×36WS 6×37S	镀锌
	多层股钢丝绳	18×19S 18×19W 34×7 36×7 35W×7 24W×7	
	四股扇形股钢丝绳	4V×39S 4V×48S	

续 表

用 途	名 称	结 构	备 注
拖船、货网	钢丝绳	6×31WS 6×36WS 6×37S	镀锌
船舶张拉桅杆吊桥	钢丝绳	6×7+IWS 6×19S+IWR	镀锌
打捞沉船	钢丝绳	6×37S 6×36WS 6×41WS 6×49SWS 6×31WS 6×55SWS 8×19S 8×19W 8×31WS 8×36WS 8×41WS 8×49SWS 8×55SWS	镀锌

注:①腐蚀是主要报废原因时,应采用镀锌钢丝绳。

②钢丝绳工作时,终端不能自由旋转,或虽有反拨力,但不能相互纠合在一起的工作场合,应采用同向捻钢丝绳。

③IWR 表示独立的钢丝绳芯;IWS 表示钢丝股芯。

四、尺寸、质量和允许偏差

（一）质量计算

钢丝绳的近似质量按下式计算，即

$$M = KD^2$$

式中　M——钢丝绳单位长度的参考质量（kg/100 m）；

D——钢丝绳的公称直径（mm）；

K——充分涂油的某一结构钢丝绳单位长度的质量系数（kg/（100 m · mm^2））；K 值在下表中给出。

<table>
<tr><th rowspan="4">组 别</th><th rowspan="4">类 别</th><th colspan="3">钢丝绳质量系数 K</th></tr>
<tr><th>天然纤维
芯钢丝绳</th><th>合成纤维
芯钢丝绳</th><th>钢芯钢丝绳</th></tr>
<tr><th>K_{1n}</th><th>K_{1p}</th><th>K_2</th></tr>
<tr><th colspan="3">kg/(100 m · mm²)</th></tr>
<tr><td>1</td><td>6×7</td><td>0.351</td><td>0.344</td><td>0.387</td></tr>
<tr><td>2</td><td>6×19</td><td rowspan="2">0.380</td><td rowspan="2">0.371</td><td rowspan="2">0.418</td></tr>
<tr><td>3</td><td>6×37</td></tr>
<tr><td>4</td><td>8×19</td><td rowspan="2">0.357</td><td rowspan="2">0.344</td><td rowspan="2">0.435</td></tr>
<tr><td>5</td><td>8×37</td></tr>
<tr><td>6</td><td>18×7</td><td colspan="2" rowspan="2">0.390</td><td rowspan="2">0.430</td></tr>
<tr><td>7</td><td>18×19</td></tr>
<tr><td>8</td><td>34×7</td><td colspan="2">0.390</td><td>0.430</td></tr>
<tr><td>9</td><td>35W×7</td><td colspan="2">—</td><td>0.460</td></tr>
<tr><td>10</td><td>6V×7</td><td>0.412</td><td>0.404</td><td>0.437</td></tr>
</table>

续　表

组别	类别	钢丝绳质量系数 K		
		天然纤维芯钢丝绳	合成纤维芯钢丝绳	钢芯钢丝绳
		K_{1n}	K_{1p}	K_2
		kg/(100 m · mm^2)		
11	6V×19	0.405	0.397	0.429
12	6V×37			
13	4V×39	0.410	0.402	—
14	6Q×19+6V×21	0.410	0.402	—

注:①在2组和4组钢丝绳中,当股内钢丝的数目为19根或19根以下时,质量系数应比表中所列的数小3%。

②在11组钢丝绳中,股含纤维芯6V×21、6V×24结构钢丝绳的质量系数应比表中所列的数小8%;在12组钢丝绳中,股为线接触结构6V×37S钢丝绳的质量系数则应比表中所列的数大3%。

③K_{1p}质量系数是对聚丙烯纤维芯钢绳而言。

（二）参考质量、公称直径及其允许偏差

钢丝绳结构：6×7+FC　6×7+IWS　6×9W+FC　6×9W+IWR

钢丝绳公称直径 mm	允许偏差 %	钢丝绳参考质量 kg/100 m			钢丝绳公称直径 mm	允许偏差 %	钢丝绳参考质量 kg/100 m		
		天然纤维芯钢丝绳	合成纤维芯钢丝绳	钢芯钢丝绳			天然纤维芯钢丝绳	合成纤维芯钢丝绳	钢芯钢丝绳
8		22.5	22.0	24.8	20		140	138	155
9		28.4	27.9	31.3	22		170	166	187
10		35.1	34.4	38.7	24		202	198	223
11	+5	42.5	41.6	46.8	26	+5	237	233	262
12	0	50.5	49.5	55.7	28	0	275	270	303
13		59.3	58.1	65.4	30		316	310	348
14		68.8	67.4	75.9	32		359	352	396
16		89.9	88.1	99.1	34		406	398	447
18		114	111	125	36		455	446	502

钢丝绳结构 6×19S+FC　6×19S+IWR　6×19W+FC　6×19W+IWR

钢丝绳公称直径 mm	允许偏差 %	钢丝绳参考质量 kg/100 m			钢丝绳公称直径 mm	允许偏差 %	钢丝绳参考质量 kg/100 m		
		天然纤维芯钢丝绳	合成纤维芯钢丝绳	钢芯钢丝绳			天然纤维芯钢丝绳	合成纤维芯钢丝绳	钢芯钢丝绳
12	+5 0	53.1	51.8	58.4	26	+5 0	249	243	274
13		62.3	60.8	68.5	28		289	282	318
14		72.2	70.5	79.5	30		332	324	365
16		94.4	92.1	104	32		377	369	415
18		119	117	131	34		426	416	469
20		147	144	162	36		478	466	525
22		178	174	196	38		532	520	585
24		212	207	234	40		590	576	649

钢丝绳结构：6×25Fi+FC　6×25Fi+IWR　6×26WS+FC　6×26WS+IWR
6×29Fi+FC　6×29Fi+IWR　6×31WS+FC　6×31WS+IWR
6×36WS+FC　6×36WS+IWR　6×37S+FC　6×37S+IWR
6×41WS+FC　6×41WS+IWR　6×49SWS+FC
6×49SWS+IWR　6×55SWS+FC　6×55SWS+IWR

钢丝绳公称直径 mm	允许偏差 %	钢丝绳参考质量 kg/100 m			钢丝绳公称直径 mm	允许偏差 %	钢丝绳参考质量 kg/100 m		
		天然纤维芯钢丝绳	合成纤维芯钢丝绳	钢芯钢丝绳			天然纤维芯钢丝绳	合成纤维芯钢丝绳	钢芯钢丝绳
12	+5 0	54.7	53.4	60.2	22	+5 0	184	180	202
13		64.2	62.7	70.6	24		219	214	241
14		74.5	72.7	81.9	26		257	251	283
16		97.3	95.0	107	28		298	291	328
18		123	120	135	30		342	334	376
20		152	148	167	32		389	380	428

续 表

钢丝绳公称直径 mm	允许偏差 %	钢丝绳参考质量 kg/100 m			钢丝绳公称直径 mm	允许偏差 %	钢丝绳参考质量 kg/100 m		
		天然纤维芯钢丝绳	合成纤维芯钢丝绳	钢芯钢丝绳			天然纤维芯钢丝绳	合成纤维芯钢丝绳	钢芯钢丝绳
34	+5 0	439	429	483	50	+5 0	950	928	1 040
36		492	481	542	52		1 030	1 000	1 130
38		549	536	604	54		1 110	1 080	1 220
40		608	594	669	56		1 190	1 160	1 310
42		670	654	737	58		1 280	1 250	1 410
44		736	718	809	60		1 370	1 340	1 500
46		804	785	884	62		1 460	1 430	1 610
48		876	855	963	64		1 560	1 520	1 710

钢丝绳结构:8×19S+FC　8×19S+IWR　8×19W+FC　8×19W+IWR

钢丝绳公称直径 mm	允许偏差 %	钢丝绳参考质量 kg/100 m			钢丝绳公称直径 mm	允许偏差 %	钢丝绳参考质量 kg/100 m		
		天然纤维芯钢丝绳	合成纤维芯钢丝绳	钢芯钢丝绳			天然纤维芯钢丝绳	合成纤维芯钢丝绳	钢芯钢丝绳
18	+5 0	112	108	137	34	+5 0	400	386	488
20		139	133	169	36		449	432	547
22		168	162	204	38		500	482	609
24		199	192	243	40		554	534	675
26		234	226	285	42		611	589	744
28		271	262	331	44		670	646	817
30		312	300	380	46		733	706	893
32		355	342	432	48		798	769	972

钢丝绳结构:8×25Fi+FC 8×25Fi+IWR 8×26WS+FC 8×26WS+IWR
8×31WS+FC 8×31WS+IWR 8×36WS+FC 8×36WS+IWR
8×41WS+FC 8×41WS+IWR 8×49SWS+FC
8×49SWS+IWR 8×55SWS+FC 8×55SWS+IWR

钢丝绳公称直径 mm	允许偏差 %	钢丝绳参考质量 kg/100 m			钢丝绳公称直径 mm	允许偏差 %	钢丝绳参考质量 kg/100 m		
		天然纤维芯钢丝绳	合成纤维芯钢丝绳	钢芯钢丝绳			天然纤维芯钢丝绳	合成纤维芯钢丝绳	钢芯钢丝绳
16	+5 0	91.4	88.1	111	30	+5 0	321	310	392
18		116	111	141	32		366	352	445
20		143	138	174	34		413	398	503
22		173	166	211	36		463	446	564
24		206	198	251	38		516	497	628
26		241	233	294	40		571	550	696
28		280	270	341	42		630	607	767

续 表

钢丝绳公称直径 mm	允许偏差 %	钢丝绳参考质量 kg/100 m			钢丝绳公称直径 mm	允许偏差 %	钢丝绳参考质量 kg/100 m		
		天然纤维芯钢丝绳	合成纤维芯钢丝绳	钢芯钢丝绳			天然纤维芯钢丝绳	合成纤维芯钢丝绳	钢芯钢丝绳
44	+5 0	691	666	842	56	+5 0	1 120	1 080	1 360
46		755	728	920	58		1 200	1 160	1 460
48		823	793	1 000	60		1 290	1 240	1 570
50		892	860	1 090	62		1 370	1 320	1 670
52		965	930	1 180	64		1 460	1 410	1 780
54		1 040	1 000	1 270					

钢丝绳结构:17×7+FC　17×7+IWS　18×7+FC　18×7+IWS
18×19S+FC　18×19S+IWS　18×19W+FC
18×19W+IWS

钢丝绳公称直径 mm	允许偏差 %	钢丝绳参考质量 kg/100 m	
		纤维芯钢丝绳	钢芯钢丝绳
12	+5 0	56.2	61.9
13		65.9	72.7
14		76.4	84.3
16		99.8	110
18		126	139
20		156	172
22		189	208
24		225	248
26		264	291
28		306	337
30		351	387
32		399	440
34		451	497
36	+5 0	505	557
38		563	621
40		624	688
42		688	759
44		755	832
46		825	910
48		899	991
50		975	1 080
52		1 050	1 160
54		1 140	1 250
56		1 220	1 350
58		1 310	1 450
60		1 400	1 550

钢丝绳结构:34×7+FC　34×7+IWS　36×7+FC　36×7+IWS

钢丝绳公称直径 mm	允许偏差 %	钢丝绳参考质量 kg/100 m		钢丝绳公称直径 mm	允许偏差 %	钢丝绳参考质量 kg/100 m	
		纤维芯钢丝绳	钢芯钢丝绳			纤维芯钢丝绳	钢芯钢丝绳
16	+5 0	99.8	110	40	+5 0	624	688
18		126	139	42		688	759
20		156	172	44		755	832
22		189	208	46		825	910
24		225	248	48		899	991
26		264	291	50		975	1 080
28		306	337	52		1 050	1 160
30		351	387	54		1 140	1 250
32		399	440	56		1 220	1 350
34		451	497	58		1 310	1 450
36		505	557	60		1 400	1 550
38		563	621				

钢丝绳结构:35W ×7　24W ×7

钢丝绳公称直径 mm	允许偏差 %	钢丝绳参考质量 kg/100 m	钢丝绳公称直径 mm	允许偏差 %	钢丝绳参考质量 kg/100 m
16	+5 0	118	40	+5 0	736
18		149	42		811
20		184	44		891
22		223	46		973
24		265	48		1 060
26		311	50		1 150
28		361	52		1 240
30		414	54		1 340
32		471	56		1 440
34		532	58		1 550
36		596	60		1 660
38		664			

钢丝绳结构:6V×18+FC　6V×18+IWR　6V×19+FC　6V×19+IWR

钢丝绳公称直径 mm	允许偏差 %	钢丝绳参考质量 kg/100 m		
		天然纤维芯钢丝绳	合成纤维芯钢丝绳	钢芯钢丝绳
20	+6 0	165	162	175
22		199	196	212
24		237	233	252
26		279	273	295
28		323	317	343
30		371	364	393
32		422	414	447
34		476	467	505
36		534	524	566

钢丝绳结构:6V ×21 +7FC　6V ×24 +7FC

钢丝绳公称直径 mm	允许偏差 %	钢丝绳参考质量 kg/100 m	
		天然纤维 芯钢丝绳	合成纤维 芯钢丝绳
18	+6 0	121	118
20		149	146
22		180	177
24		215	210
26		252	247
28		292	286
30		335	329
32		382	374
34		431	422
36		483	473

钢丝绳结构:6V×30+FC　6V×30+IWR

钢丝绳公称直径 mm	允许偏差 %	钢丝绳参考质量 kg/100 m		
		天然纤维芯钢丝绳	合成纤维芯钢丝绳	钢芯钢丝绳
20	+6 0	162	159	172
22		196	192	208
24		233	229	247
26		274	268	290
28		318	311	336
30		365	357	386
32		415	407	439
34		468	459	496
36		525	515	556
38		585	573	619

钢丝绳结构:6V ×34 + FC　6V ×34 + IWR　6V ×37 + FC　6V ×37 + IWR
6V ×43 + FC　6V ×43 + IWR

钢丝绳公称直径 mm	允许偏差 %	钢丝绳参考质量 kg/100 m			钢丝绳公称直径 mm	允许偏差 %	钢丝绳参考质量 kg/100 m		
		天然纤维芯钢丝绳	合成纤维芯钢丝绳	钢芯钢丝绳			天然纤维芯钢丝绳	合成纤维芯钢丝绳	钢芯钢丝绳
28	+6 0	318	311	336	44	+6 0	784	769	831
30		364	357	386	46		857	840	908
32		415	407	439	48		933	915	988
34		468	459	496	50		1 010	993	1 070
36		525	515	556	52		1 100	1 070	1 160
38		585	573	619	54		1 180	1 160	1 250
40		648	635	686	56		1 270	1 240	1 350
42		714	700	757	58		1 360	1 340	1 440

钢丝绳结构:6V×37S+FC　6V×37S+IWR

钢丝绳公称直径 mm	允许偏差 %	钢丝绳参考质量 kg/100 m		
		天然纤维芯钢丝绳	合成纤维芯钢丝绳	钢芯钢丝绳
32	+6 0	427	419	452
34		482	473	511
36		541	530	573
38		602	590	638
40		667	654	707
42		736	721	779
44		808	792	855
46		883	865	935
48		961	942	1 020
50		1 040	1 020	1 100
52		1 130	1 110	1 190

钢丝绳结构:4V ×39S +5FC　4V ×48S +5FC

钢丝绳公称直径 mm	允许偏差 %	钢丝绳参考质量 kg/100 m	
		天然纤维芯钢丝绳	合成纤维芯钢丝绳
16	+6 0	105	103
18		133	130
20		164	161
22		198	195
24		236	232
26		277	272
28		321	315
30		369	362
32		420	412
34		474	465
36		531	521
38		592	580
40		656	643

钢丝绳结构:6Q×19+6V×21+7FC 6Q×33+6V×21+7FC

钢丝绳公称直径 mm	允许偏差 %	钢丝绳参考质量 kg/100 m	
		天然纤维芯钢丝绳	合成纤维芯钢丝绳
40	+6 0	656	643
42		723	709
44		794	778
46		868	851
48		945	926
50		1 030	1 010
52		1 110	1 090
54		1 200	1 170
56		1 290	1 260
58		1 380	1 350
60		1 480	1 450

平衡用扁钢丝绳(GB/T 20119—2006)

一、定义

平衡用扁钢丝绳是指用于竖井提升设备平衡用的扁钢丝绳(简称扁钢丝绳)。

二、典型结构、公称尺寸和允许偏差

公称尺寸(宽×厚) mm	子绳钢丝公称直径 mm	子绳钢丝断面积总和 mm^2	扁钢丝绳参考质量 kg/100 m	编织方式
扁钢丝绳典型结构 6×4×7　子绳股结构(1+6)				
58×13	1.3	223	210	双纬绳两侧各2条
62×14	1.4	258	240	
67×15	1.5	297	280	
71×16	1.6	338	320	
75×17	1.7	381	360	

续 表

公称尺寸（宽×厚）mm	子绳钢丝公称直径 mm	子绳钢丝断面积总和 mm^2	扁钢丝绳参考质量 kg/100 m	编织方式
扁钢丝绳典型结构 8×4×7　子绳股结构(1+6)				
88×15	1.5	396	370	双纬绳两侧各2条
94×16	1.6	450	420	
100×17	1.7	508	470	
107×18	1.8	570	530	
113×19	1.9	635	580	
119×20	2	703	650	
扁钢丝绳典型结构 8×4×9　子绳股结构(FC+9)				
132×21	1.7	653	700	双纬绳两侧各4条
139×23	1.8	732	770	
143×24	1.85	774	800	
147×24	1.9	816	840	

续 表

公称尺寸（宽×厚）mm	子绳钢丝公称直径 mm	子绳钢丝断面积总和 mm^2	扁钢丝绳参考质量 kg/100 m	编织方式
扁钢丝绳典型结构 8×4×9　子绳股结构(FC+9)				
155×26	2	904	940	双纬绳两侧各4条
163×27	2.1	997	1 050	
170×28	2.2	1 090	1 160	
扁钢丝绳典型结构 8×4×14　子绳股结构(4+10)				
145×24	1.7	1 020	960	双纬绳两侧各4条
154×25	1.8	1 140	1 080	
158×26	1.85	1 200	1 140	
162×27	1.9	1 270	1 190	
171×28	2	1 410	1 330	
180×30	2.1	1 550	1 480	
188×31	2.2	1 700	1 610	

续　表

公称尺寸(宽×厚) mm	子绳钢丝公称直径 mm	子绳钢丝断面积总和 mm^2	扁钢丝绳参考质量 kg/100 m	编织方式
扁钢丝绳典型结构 8×4×19　子绳股结构(1+6+12)				
148×24	1.5	1 070	980	双纬绳两侧各4条
157×25	1.6	1 220	1 120	
166×26	1.7	1 380	1 260	
177×28	1.8	1 550	1 420	
187×29	1.9	1 720	1 560	
196×31	2	1 910	1 740	
206×33	2.1	2 100	1 950	
216×34	2.2	2 310	2 120	

注:①子绳钢丝公称直径允许在±0.20 mm 范围内调整。

②若纬绳钢丝损坏是钢丝绳报废的主要原因时,纬绳可以用其他构件代替,但应按本标准的规定进行检验与验收。

③表中钢丝绳的参考质量为未涂油的质量,涂油钢丝绳的单位长度质量应双方协议。

④特殊的结构、公称尺寸对应由供需双方协议并在合同中注明。

三、允许偏差

1）扁钢丝绳的宽度（包括纬绳）和厚度（纬绳横向穿过部位），不应超出上表中公称尺寸的 ±10%。

2）扁钢丝绳实际单位长度质量，不应超过上表中参考质量的 ±5%。

3）扁钢丝绳按订货长度交货，实际长度允许与交货长度存在以下偏差：

长度不大于 400 m：${}^{+5\%}_{0}$；

长度大于 400 m，每 1 000 m 或不足 1 000 m：${}^{+20}_{0}$ m。

四、最小镀锌层质量

扁钢丝绳可以是光面的或镀锌的，在镀锌钢丝绳中，所有子绳钢丝和纬绳钢丝均应是镀锌的。子绳钢丝的最小镀锌层质量应符合下表的规定。

钢丝公称直径（d） mm	最小镀锌层质量 g/m^2
$d<1.3$	157
$1.3\leqslant d<1.5$	157
$1.5\leqslant d<1.9$	171
$d\geqslant 1.9$	195

镀锌铁线

公制		相当英制		公制		相当英制	
直径 mm	理论质量 kg/km	线规号（BWG*）	直径 mm	直径 mm	理论质量 kg/km	线规号（BWG*）	直径 mm
0.70	3.02	22	0.71	2.5	38.5	13	2.41
0.90	4.99	20	0.89	2.8	48.3	12	2.77
1.00	6.17	—	—	3.0	55.5	11	3.05
—	—	19	1.07	3.5	75.5	10	3.40
1.2	8.88	18	1.25	—	—	9	3.76
1.4	12.1	17	1.47	4.0	98.7	8	4.19
1.6	15.8	16	1.65				
1.8	20.2	15	1.83				
2.0	24.7	—	—				
2.2	29.8	14	2.11				

* BWG 为伯明翰线规代号。

一般用途低碳钢丝(GB 343—1964)(摘)

直径 mm	理论质量 kg/km	直径 mm	理论质量 kg/km
0.16	0.158	0.80	3.92
0.18	0.200	0.90	4.99
0.20	0.247	1.0	6.17
0.22	0.302	1.2	8.88
0.25	0.381	1.4	12.1
0.28	0.478	1.6	15.8
0.30	0.555	1.8	20.0
0.35	0.755	2.0	24.7
0.40	0.987	2.2	29.8
0.45	1.25	2.5	38.5
0.50	1.54	2.8	48.3
0.55	1.86	3.0	55.5
0.60	2.16	3.5	75.5
0.70	3.02	4.0	98.7

连续铸铁管(GB 3422—1982)

kg/根

公称口径 mm	外径 mm	壁厚 mm			总质量								
					有效长度为 4 000 mm			有效长度为 5 000 mm			有效长度为 6 000 mm		
		LA 级	A 级	B 级	LA 级	A 级	B 级	LA 级	A 级	B 级	LA 级	A 级	B 级
75	93.0	9.0	9.0	9.0	75.1	75.1	75.1	92.2	92.2	92.2			
100	118.0	9.0	9.0	9.0	97.1	97.1	97.1	119	119	119			
150	169.0	9.0	9.2	10.0	142	145	155	174	178	191	207	211	227
200	220.0	9.2	10.1	11.0	191	208	224	235	256	276	279	304	328
250	271.6	10.0	11.0	12.0	260	282	305	319	347	376	378	412	446
300	322.8	10.8	11.9	13.0	333	363	393	409	447	484	486	531	575
350	374.0	11.7	12.8	14.0	418	452	490	514	557	604	609	662	718
400	425.6	12.5	13.8	15.0	510	556	600	626	685	739	743	813	878
450	476.0	13.3	14.7	16.0	608	665	718	747	819	884	887	973	1 050
500	528.0	14.2	15.6	17.0	722	785	848	887	966	1 040	1 050	1 150	1 240

续 表

kg/根

公称口径 mm	外径 mm	壁厚 mm			总质量								
					有效长度为 4 000 mm			有效长度为 5 000 mm			有效长度为 6 000 mm		
		LA 级	A 级	B 级	LA 级	A 级	B 级	LA 级	A 级	B 级	LA 级	A 级	B 级
600	630.8	15.8	17.4	19.0	963	1 050	1 140	1 180	1 290	1 400	1 400	1 530	1 660
700	733.0	17.5	19.3	21.0	1 240	1 360	1 460	1 530	1 670	1 800	1 810	1 980	2 140
800	836.0	19.2	21.1	23.0	1 560	1 700	1 830	1 910	2 080	2 250	2 270	2 470	2 680
900	939.0	20.8	22.9	25.0	1 900	2 070	2 240	2 340	2 550	2 760	2 770	3 020	3 280
1 000	1 041.0	22.5	24.8	27.0	2 290	2 500	2 700	2 810	3 070	3 320	3 330	3 640	3 940
1 100	1 144.0	24.2	26.6	29.0	2 720	2 960	3 190	3 330	3 630	3 930	3 950	4 300	4 660
1 200	1 246.0	25.8	28.4	31.0	3 170	3 450	3 730	3 880	4 230	4 580	4 590	5 010	5 430

注：总质量 = 直部质量（即有效长度质量）+ 承口凸部质量。

铝型材(广州铝型材厂产品)

一、圆管

型号	规格(外径×壁厚) mm	理论质量 kg/m	型号	规格(外径×壁厚) mm	理论质量 kg/m
0008	16×1	0.13	0018	103×7	5.67
0010	19×1	0.15	0019	84×6	4.01
0001	25×2	0.43	0020	22×1	0.18
0004	32×1.5	0.39	0024	47.8×1	0.41
0015	40×3.5	0.95	0014	36×1.5	0.44
0002	53×4	1.67	0026	35×1.2	0.35
0003	76×2.5	1.58	0027	37.6×1.1	0.33
0016	38×1.8	0.61	0025	70×1.4	0.89
0017	88×6	4.22	0028	106×2.35	2.14

二、开口方管

型号	规格(边宽×壁厚) mm	理论质量 kg/m	型号	规格(边宽×壁厚) mm	理论质量 kg/m
5140	76×44×1.5	0.76	5163	100×25×1.5	0.68

三、方管

型号	规格(边长×壁厚) mm	理论质量 kg/m	型号	规格(边长×壁厚) mm	理论质量 kg/m
3008	16×0.9	0.15	3040	50×1.3	0.69
3032	20×0.8	0.17	3038	31.7×1	0.34
3029	25×0.9	0.25	3033	100×1.8	2.02
3042	38×1	0.41			

四、扁管

型号	规格(边长×壁厚) mm	理论质量 kg/m	型号	规格(边长×壁厚) mm	理论质量 kg/m
3036	25×12.7×0.9	0.18	3037	75×25×1	0.54
3030	38×25×0.9	0.32	3031	76×44×1.2	0.83
3024	40.3×16×1.2	0.31	3028	101×25×1.2	0.87
3034	50×25×1	0.35	3035	100×44×1.1	0.94
3039	50×38×1.2	0.56			

五、扁条

型号	规格(厚×宽) mm	理论质量 kg/m	型号	规格(厚×宽) mm	理论质量 kg/m
5074	3×11	0.09	5225	7×25	0.47
5073	4×20	0.22	5343	2.8×25.4	0.19
5096	5×25	0.34	5344	2.8×12.7	0.09
5075	4×68	0.74	5476	5×50	0.67
5023	6×80	1.29			

六、等角

型号	规格(边宽×边厚) mm	理论质量 kg/m	型号	规格(边宽×边厚) mm	理论质量 kg/m
1007	12×1	0.06	1013	30×1.2	0.20
1019	15×1	0.08	1012	30×2	0.31
1016	20×1	0.11	1011	38×1.2	0.24
1009	25×1.2	0.14	1001	38×3.5	0.68
1015	25×3	0.38			

七、不等角

型号	规格(边宽×边厚) mm	理论质量 kg/m	型号	规格(边宽×边厚) mm	理论质量 kg/m
1020	16×10×1	0.07	1017	30×20×3	0.38
1008	18×12×1	0.08	1014	38×12×1.2	0.16
1022	25×12×1	0.07	1021	40×20×3	0.40
1023	20×12×1	0.11			

八、等槽

型号	规　格 mm	理论质量 kg/m	型号	规　格 mm	理论质量 kg/m
2007	10×10×1.2	0.09	2012	19×19×1	0.15
2002	12×12×1	0.10	2017	25×25×1	0.22
2018	15×15×1	0.12			

紫 铜 管(YB 447—1970)(摘)

外径×壁厚 mm	理论质量 kg/m	外径×壁厚 mm	理论质量 kg/m	外径×壁厚 mm	理论质量 kg/m
4×1	0.084	9×2	0.391	14×1	0.363
5×1	0.112	10×1	0.252	14×1.5	0.524
5×1.5	0.147	10×1.5	0.356	14×2	0.671
6×1	0.140	10×2	0.447	14×2.5	0.803
6×1.5	0.189	12×1	0.307	14×3	0.922
7×1	0.168	12×1.5	0.440	15×1	0.391
7×1.5	0.291	12×2	0.559	15×1.5	0.566
8×1	0.196	12×2.5	0.664	15×2	0.727
8×1.5	0.273	12×3	0.755	15×2.5	0.873
8×2	0.335	13×2	0.615	15×3	1.006
9×1	0.224	13×2.5	0.734	16×1	0.419
9×1.5	0.314	13×3	0.838	16×1.5	0.608

续 表

外径×壁厚 mm	理论质量 kg/m	外径×壁厚 mm	理论质量 kg/m	外径×壁厚 mm	理论质量 kg/m
16×2	0.782	19×3	1.341	23×3	1.661
16×2.5	0.943	20×2	1.006	23×3.5	1.897
16×3	1.090	20×2.5	1.223	23×4	2.124
18×1	0.475	20×3	1.425	24×2	1.230
18×1.5	0.692	20×3.5	1.605	24×2.5	1.502
18×2	0.894	22×2	1.118	24×3	1.761
18×2.5	1.082	22×2.5	1.361	24×3.5	2.005
18×3	1.258	22×3	1.593	24×4	2.236
19×1	0.503	22×3.5	1.800	25×2	1.286
19×1.5	0.734	22×4	2.012	25×2.5	1.572
19×2	0.950	23×2	1.174	25×3	1.844
19×2.5	1.153	23×2.5	1.433	25×3.5	2.102

续 表

外径×壁厚 mm	理论质量 kg/m	外径×壁厚 mm	理论质量 kg/m	外径×壁厚 mm	理论质量 kg/m
25×4	2.348	30×2.5	1.922	35×4	3.465
26×2	1.341	30×3	2.264	38×2.5	2.480
26×2.5	1.642	30×3.5	2.592	38×3	2.934
26×3	1.928	30×4	2.906	38×3.5	3.375
26×3.5	2.200	32×2	1.677	38×4	3.800
26×4	2.460	32×2.5	2.050	40×2.5	2.620
28×2	1.453	32×3	2.431	40×3	3.102
28×2.5	1.782	32×3.5	2.790	40×3.5	3.570
28×3	2.096	32×4	3.130	40×4	4.025
28×3.5	2.395	35×2.5	2.270	45×2.5	2.969
28×4	2.683	35×3	2.683	45×3	3.521
30×2	1.565	35×3.5	3.080	45×3.5	4.059

续 表

外径×壁厚 mm	理论质量 kg/m	外径×壁厚 mm	理论质量 kg/m	外径×壁厚 mm	理论质量 kg/m
45×4	4.584	70×4	7.377		
50×2.5	3.318	70×4.5	8.238		
50×3	3.940	75×3.5	6.994		
50×3.5	14.559	75×4	7.936		
50×4	5.142	75×4.5	8.867		
60×3	4.778				
60×3.5	5.526				
60×4	6.259				
65×3	5.199				
65×3.5	6.015				
65×4	6.820				
70×3.5	6.504				

注：每米紫铜管质量的计算公式为 $W=27.960\,2\delta(D-\delta)\div 1\,000$；$D$——外径；$\delta$——壁厚。

黄铜管(YB 488－1971)(摘)

外径×壁厚 mm	理论质量 kg/m	外径×壁厚 mm	理论质量 kg/m	外径×壁厚 mm	理论质量 kg/m
10×1	0.240	18×3	1.201	24×3	1.681
10×2	0.427	19×1	0.480	24×4	2.136
12×1	0.294	19×2	0.907	25×1.5	0.941
12×2	0.534	19×4.5	1.741	25×2	1.228
12×3	0.721	20×1	0.507	25×2.5	1.501
14×1	0.347	20×2	0.961	25×3	1.761
14×2	0.641	20×3	1.361	26×1	0.667
16×1	0.400	22×1	0.560	26×2	1.281
16×2	0.747	22×2	1.068	26×2.5	1.568
16×3	1.041	22×3	1.521	26×3	1.842
18×1	0.454	24×1	0.614	28×1.5	1.061
18×2	0.854	24×2	1.174	28×2	1.388

续　表

外径×壁厚 mm	理论质量 kg/m	外径×壁厚 mm	理论质量 kg/m	外径×壁厚 mm	理论质量 kg/m
28×3	2.002	35×2.5	2.168	42×3.5	3.596
30×1.5	1.141	35×3	2.562	45×2	2.295
30×2	1.495	35×4	3.309	45×3	3.363
38×2.5	1.835	38×2	1.922	50×2.5	3.169
30×3	2.162	38×2.5	2.369	50×3	3.763
30×4	2.776	38×3	2.802	50×3.5	4.343
32×1.5	1.221	38×4	3.630		
32×2	1.601	40×2	2.028		
32×4.5	3.303	40×2.5	2.502		
		40×3.5	3.409		
32×5	3.603	42×2	2.135		
35×2	1.761	42×3	3.123		

注：每米黄铜管质量的计算公式为 $W=26.7036\delta(D-\delta)\div1000$；$D$——外径；$\delta$——壁厚。

紫铜棒、黄铜棒

规格 mm	理论质量 kg/m		规格 mm	理论质量 kg/m		规格 mm	理论质量 kg/m	
	紫铜棒	黄铜棒		紫铜棒	黄铜棒		紫铜棒	黄铜棒
5	0.17	0.17	22	3.38	3.23	45	14.15	13.52
6	0.25	0.24	23		3.54	50	17.48	16.69
8	0.45	0.43	24		3.85	55	21.14	20.19
9	0.57	0.54	25	4.37	4.17	60	25.16	24.03
10	0.70	0.67	27		4.87	65		28.21
12	1.01	0.96	28	5.48	5.23	70	34.25	32.71
14	1.37	1.31	30	6.29	6.01	75		37.55
16	1.79	1.71	32		6.84	80	44.74	42.73
18	2.27	2.16	35	8.56	8.18	85		48.23
19		2.41	36		8.65	90	56.62	54.07
20	2.80	2.67	38		9.64	95		60.25
21		2.95	40	11.18	10.68	100	69.90	67.76

锌板、铅板、铝板

kg/m²

厚度 mm	理论质量			厚度 mm	理论质量		
	锌板	铅板	铝板		锌板	铅板	铝板
0.25	1.80			3.00		34.11	8.40
0.30	2.16			3.50		39.80	9.80
0.35	2.52			4.00		45.48	11.20
0.40	2.88			4.50		51.17	12.60
0.45	3.24			5.00		56.85	14.00
0.50	3.60		1.40	6.00		68.22	16.80
0.60	4.32		1.68	7.00		79.59	19.60
0.80		9.10	2.24	8.00		90.96	22.40
1.00	7.20	11.37	2.80	9.00		102.33	25.20
1.20		13.64	3.36	10.00		113.70	28.00
1.50	10.80	17.06	4.20	12.00		136.44	33.60
1.80			5.04	13.00			36.40
2.00	14.40	22.74	5.60	14.00			39.20
2.50		28.43	7.00	15.00		170.55	

注：①每平方米锌板质量的计算公式为 $W=7.2\delta$；δ——厚度。

②每平方米铅板质量的计算公式为 $W=11.37\delta$。

③每平方米铝及铝合金板质量的计算公式为 $W=2.8\delta$。

紫铜板、黄铜板

厚度 mm	理论质量 kg/m²		厚度 mm	理论质量 kg/m²		厚度 mm	理论质量 kg/m²	
	紫铜板	黄铜板		紫铜板	黄铜板		紫铜板	黄铜板
0.05	0.45	0.43	1.00	8.90	8.50	12	106.8	102.0
0.10	0.89	0.85	1.50	13.35	12.75	14	124.6	119.0
0.15	1.34	1.28	2.00	17.80	17.00	16	142.4	136.0
0.20	1.78	1.70	3.00	26.70	25.50	18	160.2	153.0
0.25	2.23	2.13	3.50	31.15	29.75	20	178.0	170.0
0.30	2.67	2.55	4.00	35.60	34.00	22	195.8	187.0
0.35	3.12	2.98	4.5	40.05	38.25	25	222.5	212.5
0.40	3.56	3.40	5	44.50	42.50			
0.50	4.45	4.25	6	53.40	51.00			
0.60	5.34	5.10	7	62.30	59.50			
0.70	6.23	5.95	8	71.20	68.00			
0.80	7.12	6.80	10	89.00	85.00			

注：①每平方米紫铜板质量的计算公式为 $W=8.9\delta$；δ——厚度。

②每平方米黄铜板质量的计算公式为 $W=8.5\delta$。

铝母带

规　格 mm	理论质量 kg/m	规　格 mm	理论质量 kg/m	规　格 mm	理论质量 kg/m
20×3	0.16	50×5	0.67	100×10	2.68
20×4	0.21	50×6	0.80	100×12	3.22
25×3	0.20	60×5	0.80	120×8	2.57
25×4	0.27	60×6	0.97	120×10	3.22
30×3	0.24	60×8	1.29	120×12	3.86
30×4	0.32	60×10	1.61		
30×5	0.40	80×6	1.29		
40×3	0.32	80×8	1.72		
40×4	0.43	80×10	2.14		
40×5	0.54	100×6	1.61		
50×4	0.54	100×8	2.14		

注：每米铝母带质量的计算公式为 $W=2.71\times a\delta\div 1\,000$；$a$——宽度；$\delta$——厚度。

铝及铝合金棒(圆形棒)

直　径 mm	理论质量 kg/m	直　径 mm	理论质量 kg/m	直　径 mm	理论质量 kg/m	直　径 mm	理论质量 kg/m
5	0.055	10.5	0.243	20	0.880	35	2.694
5.5	0.067	11	0.266	21	0.970	36	2.850
6	0.079	11.5	0.291	22	1.064	38	3.176
6.5	0.093	12	0.317	24	1.267	40	3.519
7	0.108	13	0.372	25	1.374	42	3.879
7.5	0.124	14	0.431	26	1.487	45	4.453
8	0.141	15	0.495	27	1.603	46	4.653
8.5	0.159	16	0.563	28	1.724	48	5.067
9	0.178	17	0.636	30	1.979	50	5.498
9.5	0.199	18	0.713	32	2.252	52	5.946
10	0.220	19	0.794	34	2.542	55	6.652

续 表

直　径 mm	理论质量 kg/m	直　径 mm	理论质量 kg/m	直　径 mm	理论质量 kg/m	直　径 mm	理论质量 kg/m
58	7.398	100	21.99	160	56.30	265	154.40
59	7.655	105	24.25	170	63.55	280	172.40
60	7.917	110	26.61	180	71.25	300	197.90
62	8.453	115	29.08	190	79.39	320	225.20
65	9.291	120	31.67	200	87.96	340	254.20
70	10.78	125	34.36	210	96.98	350	269.40
75	12.37	130	37.16	220	106.40	360	285.00
80	14.07	135	40.08	230	116.30	380	317.60
85	15.89	140	43.10	240	126.70	400	351.90
90	17.81	145	46.24	250	137.40		
95	19.85	150	49.48	260	148.70		

注：①每米圆形棒质量的计算公式为 $W=2.1991d^2\div1000$；d——直径。

②每米方形棒质量的计算公式为 $W=2.8a^2\div1000$；a——边宽。

③每米六角形棒质量的计算公式为 $W=2.4248d^2\div1000$；d——内切圆直径。

铝管及铝合金管

外径×壁厚 mm	理论质量 kg/m	外径×壁厚 mm	理论质量 kg/m	外径×壁厚 mm	理论质量 kg/m
6×0.5	0.024	16×1.0	0.132	25×0.75	0.160
6×1.0	0.044	16×1.5	0.191	25×1.0	0.211
8×0.5	0.033	18×0.5	0.077	25×1.5	0.310
8×1.0	0.062	18×1.0	0.150	26×1.5	0.323
8×1.5	0.086	20×0.75	0.127	28×1.0	0.238
10×1.0	0.079	20×1.0	0.167	28×1.5	0.350
12×1.0	0.097	20×1.5	0.244	30×1.5	0.376
12×1.5	0.139	22×1.0	0.185	30×2.0	0.493
14×0.5	0.059	22×2.0	0.352	30×2.5	0.605
14×1.0	0.114	24×1.0	0.202	32×1.5	0.402
16×0.5	0.068	25×0.5	0.108	32×2.0	0.528

续 表

外径×壁厚 mm	理论质量 kg/m	外径×壁厚 mm	理论质量 kg/m	外径×壁厚 mm	理论质量 kg/m
35×1.5	0.442	50×2.0	0.844	70×2.5	1.484
35×2.0	0.581	50×2.5	1.045	70×3.0	1.768
35×2.5	0.715	55×2.0	0.932	75×2.5	1.594
38×1.5	0.482	55×2.5	1.155	75×4.0	2.498
38×2.0	0.633	60×2.0	1.020	80×3	2.032
40×1.5	0.508	60×2.5	1.265	80×4	2.674
40×2.0	0.669	60×3.0	1.504	85×3	2.164
40×2.5	0.825	65×2.0	1.108	85×3.5	2.509
42×2.0	0.704	65×2.5	1.374	85×4	2.850
45×2.0	0.756	65×3.0	1.636	90×3	2.296
45×2.5	0.935	70×2.0	1.196	90×5	3.738

续　表

外径×壁厚 mm	理论质量 kg/m	外径×壁厚 mm	理论质量 kg/m	外径×壁厚 mm	理论质量 kg/m
95×4	3.202	100×3.5	2.971	110×3	2.824
95×5	3.958	100×5	4.178	110×5	4.618

注：每米铝管及铝合金管质量的计算公式为 $W=8.7965\delta(D-\delta)\div1000$；$D$——外径；$\delta$——壁厚。

第二部分

非金属材料

原木材积计算(GB 4814—1984)

本标准适用于所有树种的原木材积计算。

检尺径自 4～12 cm 的小径原木材积由公式

$V=0.7854L(D+0.45L+0.2)^2\div 10000$　确定。

检尺径自 14 cm 以上的原木材积由公式

$V=0.7854L[D+0.5L+0.005L^2+0.000125L(14-L)^2\times(D-10)]^2\div 10000$确定。

两式中　V——材积(m^3)；

L——检尺长(m)；

D——检尺径(cm)。

原木的检尺长、检尺径按 GB 144.2—1984《原木检验　尺寸检量》的规定检量。

检尺径 4～6 cm 的原木材积数字保留四位小数,检尺径自 8 cm 以上的原木材积数字保留 3 位小数。

附录 A 圆材材积计算公式(补充件)

A.1 检尺长超出原木材积表所列范围而又不符合原条标准的特殊用途圆材,其材积按下式计算,即

$$V = 0.8L(D + 0.5L)^2 \div 10\,000$$

A.2 圆材的检尺长、检尺径按 GB 144.2—1984《原木检验 尺寸检量》的规定检量。

A.2.1 尺寸进级及公差。

A.2.1.1 检尺径:按 2 cm 进级。

A.2.1.2 检尺长的进级范围及长级公差允许范围由供需双方商定。

A.3 缺陷限度及分级标准由供需双方商定。

A.4 地方煤矿用的坑木材积按下表计算。

检尺径 cm	检尺长 m		
	1.4	1.6	1.8
	材积 m^3		
8	0.008	0.010	0.011
10	0.013	0.015	0.017

杉原条材积计算(GB 4815—1984)

本标准适用于杉原条和其他树种的原条商品材材积计算。

检尺径自 10 cm 以上的杉原条材积由公式

$V = 0.39 \times (3.50 + D)^2 \times (0.48 + L) \div 10\,000$ 确定。

式中 V——材积(m^3);

L——检尺长(m);

D——检尺径(cm)。

检尺径为 8 cm 的杉原条材积由公式

$V = 0.490\,2L \div 10\,000$ 确定。

原条的检尺长、检尺径按 GB 4816—1984《杉原条检验》的规定检量。

原条材积数字都保留 3 位小数。

注:直径应在离大头斧口(或锯口)2.5 m 处检量,以 2 cm 进位,不足 2 cm 时,凡足 1 cm 的进位,不足 1 cm 的舍去,经进舍后的直径为检尺径。

锯材材积计算(GB 449—1984)

本标准适用于锯材产品的材积计算。

锯材尺寸按 GB 4822.2—1984《锯材检验　尺寸检量》的规定检量。

锯材材积按长方体体积公式计算,即

$$V = L\,W\,T \div 1\,000\,000$$

式中　V——锯材材积(m^3);

L——锯材长度(m);

W——锯材宽度(mm);

T——锯材厚度(mm)。

常用原木材积表(GB 4814—1984)

m³

检尺径 cm ＼ 材积 ＼ 检尺长 m	2.0	2.2	2.4	2.5	2.6	2.8	3.0	3.2	3.4
4	0.004 1	0.004 7	0.005 3	0.005 6	0.005 9	0.006 6	0.007 3	0.008 0	0.008 8
6	0.007 9	0.008 9	0.010 0	0.010 5	0.011 1	0.012 2	0.013 4	0.014 7	0.016 0
8	0.013	0.015	0.016	0.017	0.018	0.020	0.021	0.023	0.025
10	0.019	0.022	0.024	0.025	0.026	0.029	0.031	0.034	0.037
12	0.027	0.030	0.033	0.035	0.037	0.040	0.043	0.047	0.050
14	0.036	0.040	0.045	0.047	0.049	0.054	0.058	0.063	0.068
16	0.047	0.052	0.058	0.060	0.063	0.069	0.075	0.081	0.087
18	0.059	0.065	0.072	0.076	0.079	0.086	0.093	0.101	0.108
20	0.072	0.080	0.088	0.092	0.097	0.105	0.114	0.123	0.132
22	0.086	0.096	0.106	0.111	0.116	0.126	0.137	0.147	0.158
24	0.102	0.114	0.125	0.131	0.137	0.149	0.161	0.174	0.186
26	0.120	0.133	0.146	0.153	0.160	0.174	0.188	0.203	0.217

续 表

m³

检尺径 cm \ 检尺长 m / 材积	2.0	2.2	2.4	2.5	2.6	2.8	3.0	3.2	3.4
28	0.138	0.154	0.169	0.177	0.185	0.201	0.217	0.234	0.250
30	0.158	0.176	0.193	0.202	0.211	0.230	0.248	0.267	0.286
32	0.180	0.199	0.219	0.230	0.240	0.260	0.281	0.302	0.324
34	0.202	0.224	0.247	0.258	0.270	0.293	0.316	0.340	0.364
36	0.226	0.251	0.276	0.289	0.302	0.327	0.353	0.380	0.406
38	0.252	0.279	0.307	0.321	0.335	0.364	0.393	0.422	0.451
40	0.278	0.309	0.340	0.355	0.371	0.402	0.434	0.466	0.498
42	0.306	0.340	0.374	0.391	0.408	0.442	0.477	0.512	0.548
44	0.336	0.372	0.409	0.428	0.447	0.484	0.522	0.561	0.599
46	0.367	0.406	0.447	0.467	0.487	0.528	0.570	0.612	0.654
48	0.399	0.442	0.486	0.508	0.530	0.574	0.619	0.665	0.710
50	0.432	0.479	0.526	0.550	0.574	0.622	0.671	0.720	0.769

续 表

m³

检尺径 cm \ 检尺长 m \ 材积	3.6	3.8	4.0	4.2	4.4	4.6	4.8	5.0	5.2
4	0.009 6	0.010 4	0.011 3	0.012 2	0.013 2	0.014 2	0.015 2	0.016 3	0.017 5
6	0.017 3	0.018 7	0.020 1	0.021 6	0.023 1	0.024 7	0.026 3	0.028 0	0.029 8
8	0.027	0.029	0.031	0.034	0.036	0.038	0.040	0.043	0.045
10	0.040	0.042	0.045	0.048	0.051	0.054	0.058	0.061	0.064
12	0.054	0.058	0.062	0.065	0.069	0.074	0.078	0.082	0.086
14	0.073	0.078	0.083	0.089	0.094	0.100	0.105	0.111	0.117
16	0.093	0.100	0.106	0.113	0.120	0.126	0.134	0.141	0.148
18	0.116	0.124	0.132	0.140	0.148	0.156	0.165	0.174	0.182
20	0.141	0.151	0.160	0.170	0.180	0.190	0.200	0.210	0.221
22	0.169	0.180	0.191	0.203	0.214	0.226	0.238	0.250	0.262
24	0.199	0.212	0.225	0.239	0.252	0.266	0.279	0.293	0.308
26	0.232	0.247	0.262	0.277	0.293	0.308	0.324	0.340	0.356

续　表

m³

检尺径 cm ＼ 材积 ＼ 检尺长 m	3.6	3.8	4.0	4.2	4.4	4.6	4.8	5.0	5.2
28	0.267	0.284	0.302	0.319	0.337	0.354	0.372	0.391	0.409
30	0.305	0.324	0.344	0.364	0.383	0.404	0.424	0.444	0.465
32	0.345	0.367	0.389	0.411	0.433	0.456	0.479	0.502	0.525
34	0.388	0.412	0.437	0.461	0.486	0.511	0.537	0.562	0.588
36	0.433	0.460	0.487	0.515	0.542	0.570	0.598	0.626	0.655
38	0.481	0.510	0.541	0.571	0.601	0.632	0.663	0.694	0.725
40	0.531	0.564	0.597	0.630	0.663	0.697	0.731	0.765	0.800
42	0.583	0.619	0.656	0.692	0.729	0.766	0.803	0.840	0.877
44	0.638	0.678	0.717	0.757	0.797	0.837	0.877	0.918	0.959
46	0.696	0.739	0.782	0.825	0.868	0.912	0.955	0.999	1.043
48	0.756	0.802	0.849	0.896	0.942	0.990	1.037	1.084	1.132
50	0.819	0.869	0.919	0.969	1.020	1.071	1.122	1.173	1.224

续 表

m³

检尺长 m 材积 检尺径 cm	5.4	5.6	5.8	6.0	6.2	6.4	6.6	6.8	7.0
4	0.018 6	0.019 9	0.021 1	0.022 4	0.023 8	0.025 2	0.026 6	0.028 1	0.029 7
6	0.031 6	0.033 4	0.035 4	0.037 3	0.039 4	0.041 4	0.043 6	0.045 8	0.048 1
8	0.048	0.051	0.053	0.056	0.059	0.062	0.065	0.068	0.071
10	0.068	0.071	0.075	0.078	0.082	0.086	0.090	0.094	0.098
12	0.091	0.095	0.100	0.105	0.109	0.114	0.119	0.124	0.130
14	0.123	0.129	0.136	0.142	0.149	0.156	0.162	0.169	0.176
16	0.155	0.163	0.171	0.179	0.187	0.195	0.203	0.211	0.220
18	0.191	0.201	0.210	0.219	0.229	0.238	0.248	0.258	0.268
20	0.231	0.242	0.253	0.264	0.275	0.286	0.298	0.309	0.321
22	0.275	0.287	0.300	0.313	0.326	0.339	0.352	0.365	0.379
24	0.322	0.336	0.351	0.366	0.380	0.396	0.411	0.426	0.442
26	0.373	0.389	0.406	0.423	0.440	0.457	0.474	0.491	0.509

续　表

m^3

检尺长 m / 材积 / 检尺径 cm	5.4	5.6	5.8	6.0	6.2	6.4	6.6	6.8	7.0
28	0.427	0.446	0.465	0.484	0.503	0.522	0.542	0.561	0.581
30	0.486	0.507	0.528	0.549	0.571	0.592	0.614	0.636	0.658
32	0.548	0.571	0.595	0.619	0.643	0.667	0.691	0.715	0.740
34	0.614	0.640	0.666	0.692	0.719	0.746	0.772	0.799	0.827
36	0.683	0.712	0.741	0.770	0.799	0.829	0.858	0.888	0.918
38	0.757	0.788	0.820	0.852	0.884	0.916	0.949	0.981	1.014
40	0.834	0.869	0.903	0.938	0.973	1.008	1.044	1.079	1.115
42	0.915	0.953	0.990	1.028	1.067	1.105	1.143	1.182	1.221
44	0.999	1.040	1.082	1.123	1.164	1.206	1.247	1.289	1.331
46	1.088	1.132	1.177	1.221	1.266	1.311	1.356	1.401	1.446
48	1.180	1.228	1.276	1.324	1.372	1.421	1.469	1.518	1.566
50	1.276	1.327	1.379	1.431	1.483	1.535	1.587	1.639	1.691

续 表

m³

检尺径 cm \ 检尺长 m \ 材积	7.2	7.4	7.6	7.8	8.0	8.5	9.0	9.5	10.0
4	0.031 3	0.033 0	0.034 7	0.036 4	0.038 2	0.043 0	0.048 1	0.053 6	0.059 4
6	0.050 4	0.052 8	0.055 2	0.057 8	0.060 3	0.067 1	0.074 3	0.081 9	0.089 9
8	0.074	0.077	0.081	0.084	0.087	0.097	0.106	0.116	0.127
10	0.102	0.106	0.111	0.115	0.120	0.131	0.144	0.156	0.170
12	0.135	0.140	0.146	0.151	0.157	0.171	0.187	0.203	0.219
14	0.184	0.191	0.199	0.206	0.214	0.234	0.256	0.278	0.301
16	0.229	0.238	0.247	0.256	0.256	0.289	0.314	0.340	0.367
18	0.278	0.289	0.300	0.310	0.321	0.349	0.378	0.408	0.440
20	0.333	0.345	0.358	0.370	0.383	0.415	0.448	0.483	0.519
22	0.393	0.407	0.421	0.435	0.450	0.487	0.525	0.564	0.604
24	0.457	0.473	0.489	0.506	0.522	0.564	0.607	0.651	0.697
26	0.527	0.545	0.563	0.581	0.600	0.647	0.695	0.744	0.795

续 表

m³

检尺径 cm \ 检尺长 m（材积）	7.2	7.4	7.6	7.8	8.0	8.5	9.0	9.5	10.0
28	0.601	0.621	0.642	0.662	0.683	0.735	0.789	0.844	0.900
30	0.681	0.703	0.726	0.748	0.771	0.830	0.889	0.950	1.012
32	0.765	0.790	0.815	0.840	0.865	0.930	0.995	1.062	1.131
34	0.854	0.881	0.909	0.937	0.965	1.035	1.107	1.181	1.255
36	0.948	0.978	1.008	1.039	1.069	1.147	1.225	1.305	1.387
38	1.047	1.080	1.113	1.146	1.180	1.264	1.349	1.436	1.525
40	1.151	1.186	1.223	1.259	1.295	1.387	1.479	1.574	1.669
42	1.259	1.298	1.337	1.377					
44	1.373	1.415	1.457	1.500					
46	1.492	1.537	1.583	1.628					
48	1.615	1.664	1.713	1.762					
50	1.743	1.796	1.848	1.901					

常用杉原条材积表(GB 4815—1984)

m^3

检尺径 cm \ 材积 \ 检尺长 m	5	6	7	8	9	10	11
8	0.025	0.029	0.034	0.039	0.044	0.049	
10	0.039	0.046	0.053	0.060	0.067	0.074	0.082
12	0.051	0.061	0.070	0.079	0.089	0.098	0.108
14	0.065	0.077	0.089	0.101	0.113	0.125	0.137
16	0.081	0.096	0.111	0.126	0.141	0.155	0.170
18	0.099	0.117	0.135	0.153	0.171	0.189	0.207
20		0.140	0.161	0.183	0.204	0.226	0.247
22		0.164	0.190	0.215	0.240	0.266	0.291
24		0.191	0.221	0.250	0.280	0.309	0.339
26		0.220	0.254	0.288	0.322	0.356	0.390
28			0.289	0.328	0.367	0.406	0.444
30			0.327	0.371	0.415	0.459	0.502
32				0.417	0.466	0.515	0.564
34				0.465	0.520	0.575	0.630
36					0.577	0.638	0.699
38					0.637	0.704	0.771

续 表

m³

检尺径 cm \ 材积 \ 检尺长 m	12	13	14	15	16	17	18
10	0. 089	0. 096	0. 103	0. 110	0. 117	0. 124	0. 131
12	0. 117	0. 126	0. 136	0. 145	0. 154	0. 164	0. 173
14	0. 149	0. 161	0. 173	0. 185	0. 197	0. 209	0. 221
16	0. 185	0. 200	0. 215	0. 230	0. 244	0. 259	0. 274
18	0. 225	0. 243	0. 261	0. 279	0. 297	0. 315	0. 333
20	0. 269	0. 290	0. 312	0. 333	0. 355	0. 376	0. 398
22	0. 316	0. 342	0. 367	0. 393	0. 418	0. 443	0. 469
24	0. 368	0. 398	0. 427	0. 457	0. 486	0. 516	0. 545
26	0. 424	0. 458	0. 491	0. 525	0. 559	0. 593	0. 627
28	0. 483	0. 522	0. 560	0. 599	0. 638	0. 676	0. 715
30	0. 546	0. 590	0. 634	0. 678	0. 721	0. 765	0. 809
32	0. 613	0. 663	0. 712	0. 761	0. 810	0. 859	0. 908
34	0. 684	0. 739	0. 794	0. 849	0. 904	0. 959	1. 014
36	0. 759	0. 820	0. 881	0. 942	1. 003	1. 064	1. 125
38	0. 838	0. 905	0. 973	1. 040	1. 107	1. 174	1. 241

续表

m³

检尺径 cm \ 材积 \ 检尺长 m	19	20	21	22	23	24	25
10	0.138	0.146	0.153	0.160	0.167	0.174	0.181
12	0.183	0.192	0.201	0.211	0.220	0.229	0.239
14	0.233	0.245	0.257	0.268	0.280	0.292	0.304
16	0.289	0.304	0.319	0.333	0.348	0.363	0.378
18	0.351	0.369	0.387	0.405	0.423	0.441	0.459
20	0.420	0.441	0.463	0.484	0.506	0.527	0.549
22	0.494	0.519	0.545	0.570	0.595	0.621	0.646
24	0.575	0.604	0.634	0.663	0.693	0.722	0.752
26	0.661	0.695	0.729	0.763	0.797	0.831	0.865
28	0.754	0.793	0.831	0.870	0.909	0.947	0.986
30	0.853	0.896	0.940	0.984	1.028	1.071	1.115
32	0.957	1.007	1.056	1.105	1.154	1.203	1.252
34	1.068	1.123	1.178	1.233	1.288	1.343	1.397
36	1.185	1.246	1.307	1.368	1.429	1.490	1.550
38	1.308	1.376	1.443	1.510	1.577	1.644	1.711

板、方材的分类

材别＼分类方法	按宽、厚尺寸比例分类	按板材厚度或方材宽、厚乘积分类				
板材	宽≥厚3倍	名　称	薄　板	中　板	厚　板	特厚板
		厚度 cm	≤1.8	1.9~3.5	3.6~6.5	≥6.6
方材	宽<厚3倍	名　称	小　方	中　方	大　方	特大方
		宽×厚 cm^2	≤54	55~100	101~225	≥226

1 m^3 胶合板折合张数表

规格		每张面积	三层	五层	七层	九层	十一层
mm	ft	m^2	厚 3 mm	厚 5 mm	厚 7 mm	厚 10 mm	厚 12 mm
915×915	3×3	0.837 2	398	239	171	119	100
915×1 525	3×5	1.395 4	239	143	102	72	60
915×1 830	3×6	1.674 5	199	119	85	60	50
915×2 135	3×7	1.953 5	171	102	73	51	43
1 220×1 220	4×4	1.488 4	224	134	96	67	56
1 220×1 830	4×6	2.232 6	149	90	64	45	37
1 220×2 135	4×7	2.604 7	128	77	55	38	32
1 220×2 440	4×8	2.976 8	112	67	42	34	28
1 525×1 525	5×5	2.325 6	143	86	62	43	36
1 525×1 830	5×6	2.790 7	119	72	51	36	30

注:胶合板折材积(折原木)为1:2.5,即1 m^3 胶合板折合2.5 m^3 原木。

胶合板尺寸公差(GB/T 9846.2—2004)

一、厚度公差

mm

公称厚度 t	未砂光板		砂光板(单面)	
	每张板内的厚度允差	厚度的允差	每张板内的厚度允差	厚度的允差
2.7 3	0.5	+0.4 −0.2	0.3	±0.2
$3<t<5$	0.7	+0.5 −0.3	0.5	±0.3
$5\leqslant t\leqslant 12$	1.0	$+(0.8+0.03t)$	0.6	$+(0.2+0.03t)$
$12<t\leqslant 25$	1.5	$-(0.4+0.03t)$	0.6	$-(0.4+0.03t)$

二、长度和宽度公差

胶合板长度和宽度公差为 ±0.25 mm。

三、边缘直度公差

胶合板边缘直度公差为1 mm/m。

四、垂直度公差

胶合板垂直度公差为1 mm/m。

纤维板规格、张数换算表

规　格 cm	每张面积 m^2	每张质量 kg	每吨面积 m^2	每吨张数 张
213 ×100 ×0. 4	2. 13	8. 52	250	117. 37
183 ×91. 5 ×0. 4	1. 674 5	6. 698	250	149. 3
213 ×100 ×0. 3	2. 13	6. 39	333	156. 49
183 ×91. 5 ×0. 3	1. 674 5	5. 023	333	199. 08

细木工板(GB/T 5849—2006)

一、定义

具有实木板芯的胶合板称为细木工板。

二、分类

(一)按板芯结构分

1)实心细木工板;

2)空心细木工板。

(二)按板芯拼接状况分

1)胶拼细木工板;

2)不胶拼细木工板。

(三)按使用环境分

1)室内用细木工板;

2)室外用细木工板。

(四)按表面加工状况分

1)单面砂光细木工板;

2）双面砂光细木工板；

3）不砂光细木工板。

（五）按层数分

1）三层细木工板；

2）五层细木工板；

3）多层细木工板。

（六）按用途分

1）普通用细木工板；

2）建筑用细木工板。

三、分等和外观质量

（一）分等

细木工板按外观质量和翘曲度分为优等品、一等品和合格品。

（二）外观质量

细木工板主要根据面板的材质缺陷和加工缺陷判定等级。经供需双方协议可生产其他外观质量的产品。

1. 阔叶树材细木工板外观分等的允许缺陷

<table>
<tr><th rowspan="3">检量缺陷名称</th><th rowspan="3" colspan="2">检 量 项 目</th><th colspan="3">面 板</th><th rowspan="3">背 板</th></tr>
<tr><th colspan="3">细 木 工 板 等 级</th></tr>
<tr><th>优等品</th><th>一等品</th><th>合格品</th></tr>
<tr><td>(1)针节</td><td colspan="2">—</td><td colspan="4">允许</td></tr>
<tr><td>(2)活节</td><td colspan="2">最大单个直径/mm</td><td>10</td><td>20</td><td colspan="2">不限</td></tr>
<tr><td rowspan="4">(3)半活节、死节、夹皮</td><td colspan="2">每平方米板面上总个数</td><td rowspan="4">不允许</td><td>4</td><td>6</td><td>不限</td></tr>
<tr><td>半活节</td><td>最大单个直径/mm</td><td>15(自5以下不计)</td><td colspan="2">不限</td></tr>
<tr><td>死节</td><td>最大单个直径/mm</td><td>4(自2以下不计)</td><td>15</td><td>不限</td></tr>
<tr><td>夹皮</td><td>最大单个长度/mm</td><td>20(自5以下不计)</td><td colspan="2">不限</td></tr>
<tr><td>(4)木材异常结构</td><td colspan="2">—</td><td colspan="4">允许</td></tr>
<tr><td rowspan="3">(5)裂缝</td><td colspan="2">每米板宽内条数</td><td rowspan="3">不允许</td><td>1</td><td>2</td><td>不限</td></tr>
<tr><td colspan="2">最大单个宽度/mm</td><td>1.5</td><td>3</td><td>6</td></tr>
<tr><td colspan="2">最大单个长度为板长的百分比/%</td><td>10</td><td>15</td><td>30</td></tr>
</table>

续 表

<table>
<tr><th rowspan="3">检量缺陷名称</th><th rowspan="3">检量项目</th><th colspan="3">面板</th><th rowspan="3">背板</th></tr>
<tr><th colspan="3">细木工板等级</th></tr>
<tr><th>优等品</th><th>一等品</th><th>合格品</th></tr>
<tr><td rowspan="2">(6)虫孔、排钉孔、孔洞</td><td>最大单个直径/mm</td><td rowspan="2">不允许</td><td>4</td><td>8</td><td>15</td></tr>
<tr><td>每平方米板面上个数</td><td>4</td><td colspan="2">不呈筛孔状不限</td></tr>
<tr><td>(7)变色*</td><td>不超过板面积的百分比/%</td><td>不允许</td><td>30</td><td colspan="2">不限</td></tr>
<tr><td>(8)腐朽</td><td>—</td><td colspan="2">不允许</td><td>允许初腐，但面积不超过板面积的1%</td><td>允许初腐</td></tr>
<tr><td rowspan="3">(9)表板拼接离缝</td><td>最大单个宽度/mm</td><td rowspan="3">不允许</td><td>0.5</td><td>1</td><td>2</td></tr>
<tr><td>最大单个长度为板长的百分比/%</td><td>10</td><td>30</td><td>50</td></tr>
<tr><td>每米板宽内条数</td><td>1</td><td>2</td><td>不限</td></tr>
<tr><td rowspan="2">(10)表板叠层</td><td>最大单个宽度/mm</td><td colspan="2" rowspan="2">不允许</td><td>8</td><td>10</td></tr>
<tr><td>最大单个长度为板长的百分比/%</td><td>20</td><td>不限</td></tr>
</table>

续　表

检量缺陷名称	检量项目		面板			背板
			细木工板等级			
			优等品	一等品	合格品	
(11)芯板叠离	紧贴表板的芯板叠离	最大单个宽度/mm	不允许	2	8	10
		每米板长内条数		2	不限	
	其他各层离缝的最大宽度/mm			10		—
(12)鼓泡、分层	—		不允许			
(13)凹陷、压痕、鼓包	最大单个面积/mm²		不允许	50	400	不限
	每平方米板面上个数			1	4	
(14)毛刺沟痕	不超过板面积的百分比/%		不允许	1	20	不限
	深度			不允许穿透		
(15)表板砂透	每平方米板面上不超过/mm²		不允许		400	10 000
(16)透胶及其他人为污染	不超过板面积的百分比/%		不允许	0.5	10	30

续 表

检量缺陷名称	检量项目	面板			背板
		细木工板等级			
		优等品	一等品	合格品	
(17)补片、补条	允许制作适当且填补牢固的,每平方米板面上的数	不允许	3	不限	不限
	不超过板面积的百分比/%		0.5	3	
	缝隙不超过/mm		0.5	1	2
(18)内含铝质书钉	—	不允许			
(19)板边缺损	自基本幅面内不超过/mm	不允许		10	
(20)其他缺陷	—	不允许	按最类似缺陷考虑		

* 浅色斑条按变色计;一等品板深色斑条宽度不允许超过 2 mm,长度不允许超过 20 mm;桦木除优等品板外,允许有伪芯材,但一等品板的色泽应调和;桦木一等品板不允许有密集的褐色或黑色髓斑;优等品和一等品板的异色边芯材按变色计。

2. 针叶树材细木工板外观分等的允许缺陷

<table>
<tr><th rowspan="3">检量缺陷名称</th><th rowspan="3" colspan="2">检量项目</th><th colspan="3">面板</th><th rowspan="3">背板</th></tr>
<tr><th colspan="3">细木工板等级</th></tr>
<tr><th>优等品</th><th>一等品</th><th>合格品</th></tr>
<tr><td>(1)针节</td><td colspan="2">—</td><td colspan="4">允许</td></tr>
<tr><td rowspan="3">(2)活节、半活节、死节</td><td colspan="2">每平方米板面上总个数</td><td>5</td><td>8</td><td>10</td><td>不限</td></tr>
<tr><td>活节</td><td>最大单个直径/mm</td><td>20</td><td>30(自10以下不计)</td><td colspan="2">不限</td></tr>
<tr><td>半活节、死节</td><td>最大单个直径/mm</td><td>不允许</td><td>5</td><td>30(自10以下不计)</td><td>不限</td></tr>
<tr><td>(3)木材异常结构</td><td colspan="2">—</td><td colspan="4">允许</td></tr>
<tr><td rowspan="2">(4)夹皮、树脂道</td><td colspan="2">每平方米板面上总个数</td><td>3</td><td>4(自10 mm以下不计)</td><td>10(自15 mm以下不计)</td><td>不限</td></tr>
<tr><td colspan="2">最大单个长度</td><td>15</td><td>30</td><td colspan="2">不限</td></tr>
<tr><td rowspan="3">(5)裂缝</td><td colspan="2">每米板宽内条数</td><td rowspan="3">不允许</td><td>1</td><td>2</td><td>不限</td></tr>
<tr><td colspan="2">最大单个宽度/mm</td><td>1.5</td><td>3</td><td>6</td></tr>
<tr><td colspan="2">最大单个长度为板长的百分比/%</td><td>10</td><td>15</td><td>30</td></tr>
</table>

续 表

<table>
<tr><th rowspan="3">检量缺陷名称</th><th rowspan="3">检 量 项 目</th><th colspan="3">面 板</th><th rowspan="3">背 板</th></tr>
<tr><th colspan="3">细 木 工 板 等 级</th></tr>
<tr><th>优等品</th><th>一等品</th><th>合格品</th></tr>
<tr><td rowspan="2">(6)虫孔、排钉孔、孔洞</td><td>最大单个直径/mm</td><td rowspan="2">不允许</td><td>2</td><td>6</td><td>15</td></tr>
<tr><td>每平方米板面上个数</td><td>4</td><td>10(自 3 mm 以下不计)</td><td>不呈筛孔状不限</td></tr>
<tr><td>(7)变色</td><td>不超过板面积的百分比/%</td><td>不允许</td><td>浅色 10</td><td colspan="2">不限</td></tr>
<tr><td>(8)腐朽</td><td>—</td><td colspan="2">不允许</td><td>允许初腐,但面积不超过板面积的 1%</td><td>允许初腐</td></tr>
<tr><td rowspan="3">(9)树脂漏(树脂条)</td><td>最大单个长度/mm</td><td rowspan="3">不允许</td><td>150</td><td colspan="2" rowspan="3">不限</td></tr>
<tr><td>最大单个宽度/mm</td><td>10</td></tr>
<tr><td>每平方米板面上的个数</td><td>4</td></tr>
</table>

续 表

<table>
<tr><th rowspan="3">检量缺陷名称</th><th rowspan="3" colspan="2">检量项目</th><th colspan="3">面板</th><th rowspan="3">背板</th></tr>
<tr><th colspan="3">细木工板等级</th></tr>
<tr><th>优等品</th><th>一等品</th><th>合格品</th></tr>
<tr><td rowspan="3">(10)表板拼接离缝</td><td colspan="2">最大单个宽度/mm</td><td rowspan="3">不允许</td><td>0.5</td><td>1</td><td>2</td></tr>
<tr><td colspan="2">最大单个长度为板长的百分比/%</td><td>10</td><td>30</td><td>50</td></tr>
<tr><td colspan="2">每米板宽内条数</td><td>1</td><td>2</td><td>不限</td></tr>
<tr><td rowspan="2">(11)表板叠层</td><td colspan="2">最大单个宽度/mm</td><td rowspan="2" colspan="2">不允许</td><td>2</td><td>10</td></tr>
<tr><td colspan="2">最大单个长度为板长的百分比/%</td><td>20</td><td>不限</td></tr>
<tr><td rowspan="3">(12)芯板叠离</td><td rowspan="2">紧贴表板的芯板叠离</td><td>最大单个宽度/mm</td><td rowspan="3">不允许</td><td>2</td><td>4</td><td>10</td></tr>
<tr><td>每米板长内条数</td><td>2</td><td colspan="2">不限</td></tr>
<tr><td colspan="2">其他各层离缝的最大宽度/mm</td><td colspan="2">10</td><td>—</td></tr>
<tr><td>(13)鼓泡、分层</td><td colspan="2">—</td><td colspan="4">不允许</td></tr>
<tr><td rowspan="2">(14)凹陷、压痕、鼓包</td><td colspan="2">最大单个面积/mm^2</td><td rowspan="2">不允许</td><td>50</td><td>400</td><td rowspan="2">不限</td></tr>
<tr><td colspan="2">每平方米板面上个数</td><td>2</td><td>6</td></tr>
</table>

续 表

<table>
<tr><th rowspan="3">检量缺陷名称</th><th rowspan="3">检量项目</th><th colspan="3">面 板</th><th rowspan="3">背 板</th></tr>
<tr><th colspan="3">细木工板等级</th></tr>
<tr><th>优等品</th><th>一等品</th><th>合格品</th></tr>
<tr><td rowspan="2">(15)毛刺沟痕</td><td>不超过板面积的百分比/%</td><td rowspan="2">不允许</td><td>5</td><td>20</td><td>不限</td></tr>
<tr><td>深度</td><td colspan="3">不允许穿透</td></tr>
<tr><td>(16)表板砂透</td><td>每平方米板面上不超过/mm^2</td><td colspan="2">不允许</td><td>400</td><td>10 000</td></tr>
<tr><td>(17)透胶及其他人为污染</td><td>不超过板面积的百分比/%</td><td>不允许</td><td>1</td><td>10</td><td>30</td></tr>
<tr><td rowspan="3">(18)补片、补条</td><td>允许制作适当且填补牢固的,每平方米板面上个数</td><td rowspan="3">不允许</td><td>6</td><td colspan="2">不限</td></tr>
<tr><td>不超过板面积的百分比/%</td><td>1</td><td>5</td><td>不限</td></tr>
<tr><td>缝隙不超过/mm</td><td>0.5</td><td>1</td><td>2</td></tr>
<tr><td>(19)内含铝质书钉</td><td>—</td><td colspan="4">不允许</td></tr>
<tr><td>(20)板边缺损</td><td>自基本幅面内不超过/mm</td><td colspan="2">不允许</td><td colspan="2">10</td></tr>
<tr><td>(21)其他缺陷</td><td>—</td><td>不允许</td><td colspan="3">按最类似缺陷考虑</td></tr>
</table>

3. 热带阔叶树材细木工板外观分等的允许缺陷

检量缺陷名称	检量项目		面板 细木工板等级 优等品	面板 细木工板等级 一等品	面板 细木工板等级 合格品	背板
(1)针节	—		允许			
(2)活节	最大单个直径/mm		10	20	不限	
(3)半活节、死节	每平方米板面上个数		不允许	3	5	不限
	半活节	最大单个直径/mm		10(自5以下不计)	不限	
	死节	最大单个直径/mm		4(自2以下不计)	15	不限
(4)木材异常结构	—		允许			
(5)裂缝	每米板宽内条数		不允许	1	2	不限
	最大单个宽度/mm			1.5	2	6
	最大单个长度为板长的百分比/%			10	15	30

续　表

<table>
<tr><th colspan="2" rowspan="3">检量缺陷名称</th><th rowspan="3">检量项目</th><th colspan="3">面　板</th><th rowspan="3">背　板</th></tr>
<tr><th colspan="3">细木工板等级</th></tr>
<tr><th>优等品</th><th>一等品</th><th>合格品</th></tr>
<tr><td colspan="2" rowspan="2">(6)夹皮</td><td>每平方米板面上总个数</td><td rowspan="2">不允许</td><td>2</td><td>4</td><td>不限</td></tr>
<tr><td>最大单个长度/mm</td><td>10(自5以下不计)</td><td colspan="2">不限</td></tr>
<tr><td rowspan="4">(7)蛀虫造成的缺陷</td><td rowspan="2">虫孔</td><td>每平方米板面上个数</td><td rowspan="2">不允许</td><td>8(自1.5 mm以下不计)</td><td colspan="2" rowspan="2">不呈筛孔状不限</td></tr>
<tr><td>最大单个直径/mm</td><td>2</td></tr>
<tr><td rowspan="2">虫道</td><td>每平方米板面上个数</td><td rowspan="2">不允许</td><td>2</td><td colspan="2" rowspan="2">不呈筛孔状不限</td></tr>
<tr><td>最大单个长度/mm</td><td>10</td></tr>
<tr><td colspan="2" rowspan="2">(8)排钉孔、孔洞</td><td>最大单个直径/mm</td><td rowspan="2">不允许</td><td>2</td><td>8</td><td>15</td></tr>
<tr><td>每平方米板面上个数</td><td>1</td><td colspan="2">不限</td></tr>
</table>

续　表

检量缺陷名称	检量项目	面板			背板
		细木工板等级			
		优等品	一等品	合格品	
(9)变色	不超过板面积/%	不允许	5	不限	
(10)腐朽	—	不允许		允许初腐,但面积不超过板面积的1%	允许初腐
(11)表板拼接离缝	最大单个宽度/mm	不允许		1	2
	最大单个长度为板长的百分比/%			30	50
	每米板宽内条数			2	不限
(12)表板叠层	最大单个宽度/mm	不允许		2	10
	最大单个长度为板长的百分比/%			10	不限

续 表

<table>
<tr><td rowspan="3">检量缺陷名称</td><td rowspan="3" colspan="2">检 量 项 目</td><td colspan="3">面 板</td><td rowspan="3">背 板</td></tr>
<tr><td colspan="3">细 木 工 板 等 级</td></tr>
<tr><td>优等品</td><td>一等品</td><td>合格品</td></tr>
<tr><td rowspan="3">(13)芯板叠离</td><td rowspan="2">紧贴表板的芯板叠离</td><td>最大单个宽度/mm</td><td rowspan="3">不允许</td><td>2</td><td>4</td><td>10</td></tr>
<tr><td>每米板长内条数</td><td>2</td><td colspan="2">不限</td></tr>
<tr><td colspan="2">其他各层离缝的最大宽度/mm</td><td colspan="2">10</td><td>—</td></tr>
<tr><td>(14)鼓泡、分层</td><td colspan="2">—</td><td colspan="4">不允许</td></tr>
<tr><td rowspan="2">(15)凹陷、压痕、鼓包</td><td colspan="2">最大单个面积/mm²</td><td rowspan="2">不允许</td><td>50</td><td>400</td><td rowspan="2">不限</td></tr>
<tr><td colspan="2">每平方米板面上个数</td><td>1</td><td>4</td></tr>
<tr><td rowspan="2">(16)毛刺沟痕</td><td colspan="2">不超过板面积的百分比/%</td><td rowspan="2">不允许</td><td>1</td><td>25</td><td>不限</td></tr>
<tr><td colspan="2">深度</td><td colspan="3">不允许穿透</td></tr>
<tr><td>(17)表板砂透</td><td colspan="2">每平方米板面上不超过/mm²</td><td colspan="2">不允许</td><td>400</td><td>10 000</td></tr>
<tr><td>(18)透胶及其他人为污染</td><td colspan="2">不超过板面积的百分比/%</td><td>不允许</td><td>0.5</td><td>10</td><td>30</td></tr>
</table>

续 表

<table>
<tr><th rowspan="3">检量缺陷名称</th><th rowspan="3">检量项目</th><th colspan="3">面 板</th><th rowspan="3">背 板</th></tr>
<tr><th colspan="3">细木工板等级</th></tr>
<tr><th>优等品</th><th>一等品</th><th>合格品</th></tr>
<tr><td rowspan="3">(19)补片、补条</td><td>允许制作适当且填补牢固的,每平方米板面上个数</td><td rowspan="3">不允许</td><td>3</td><td>不限</td><td rowspan="2">不限</td></tr>
<tr><td>不超过板面积的百分比/%</td><td>0.5</td><td>3</td></tr>
<tr><td>缝隙不超过/mm</td><td>0.5</td><td>1</td><td>2</td></tr>
<tr><td>(20)内含铝质书钉</td><td>—</td><td colspan="4">不允许</td></tr>
<tr><td>(21)板边缺损</td><td>自基本幅面内不超过/mm</td><td colspan="2">不允许</td><td colspan="2">10</td></tr>
<tr><td>(22)其他缺陷</td><td>—</td><td>不允许</td><td colspan="3">按最类似缺陷考虑</td></tr>
</table>

注:①髓斑和斑条按变色计。

②优等品和一等品板的异色边芯材按变色计。

四、规格尺寸和偏差

(一)宽度和长度及其偏差

mm

宽度	长度				
915	915	—	1 830	2 135	—
1 220	—	1 220	1 830	2 135	2 440

长度和宽度的偏差为$^{+5}_{0}$mm。

经供需双方协议可生产其他长度和宽度的产品。

(二)厚度偏差

mm

基本厚度	不砂光		砂光(单面或双面)	
	每张板内厚度公差	厚度偏差	每张板内厚度公差	厚度偏差
≤16	1.0	±0.6	0.6	±0.4
>16	1.2	±0.8	0.8	±0.6

(三)垂直度

相邻边垂直度不超过1.0 mm/m。

(四)边缘直度

边缘直度不超过1.0 mm/m。

(五)翘曲度

优等品不超过0.1%,一等品不超过0.2%,合格品不超过0.3%。

(六)波纹度

砂光表面波纹度不超过0.3 mm,不砂光表面波纹度不超过0.5 mm。

五、板芯质量

(一)相邻芯条接缝间距

沿板长度方向,相邻两排芯条的两个端接缝的距离不小于50 mm。

(二)芯条长度

芯条长度不小于100 mm。

(三)芯条宽厚比

芯条宽度与厚度之比不大于3.5。

（四）芯条侧面缝隙和芯条端面缝隙

芯条侧面缝隙不超过 1 mm，芯条端面缝隙不超过 3 mm。

（五）板芯修补

板芯允许用木条、木块和单板进行加胶修补。

六、理化性能

（一）物理力学性能

1. 含水率、横向静曲强度、浸渍剥离性能和表面胶合强度要求

检验项目	含水率 %	横向静曲强度 MPa	浸渍剥离性能 mm	表面胶合强度 MPa
指标值	6.0～14.0	≥15.0（平均值） ≥12.0（最小值）	试件每个胶层上的每一边剥离长度均不超过 25 mm	≥0.60

2. 胶合强度要求

MPa

树　种	指标值
椴木、杨木、拟赤杨、泡桐、柳桉、杉木、奥克榄、白梧桐、异翅香、海棠木	≥0.70
水曲柳、荷木、枫香、槭木、榆木、柞木、阿必东、克隆、山樟	≥0.80
桦木	≥1.00
马尾松、云南松、落叶松、云杉、辐射松	≥0.80

(二)室内用细木工板甲醛释放量

mg/L

级别标志	限量值	使用范围
E_0	≤0.5	可直接用于室内
E_1	≤1.5	可直接用于室内
E_2	≤5.0	经饰面处理后达到 E_1 级方可用于室内

七、标志、标签、包装和贮运

（一）标志

应在产品的两个侧面明显牢固标记产品名称、商标、等级、甲醛释放限量级别、生产厂名和生产日期等。

（二）标签

每包细木工板应有标签，其上应标明：产品名称、商标、等级、甲醛释放限量级别、规格、张数、产品标准号、生产厂名、厂址和生产日期等。

（三）包装

产品出厂时应按产品规格、等级、甲醛释放限量级别、批号分别包装。包装要做到产品免受磕碰、划伤和污损。

（四）运输和储存

产品在运输和储存过程中应平整堆放，防止污损、受潮、淋雨和暴晒。

储存时应按甲醛释放限量级别、规格、等级、生产时间分别堆放，每堆应有相应的标记。

刨花板(GB/T 4897.1～4897.7—2003)

一、对所有板型刨花板的共同要求

(一)厚度

刨花板的公称厚度为4 mm、6 mm、8 mm、10 mm、12 mm、14 mm、16 mm、19 mm、22 mm、25 mm、30 mm等。

(二)幅面

刨花板幅面尺寸为1 220 mm×2 440 mm。

经供需双方协议,可生产其他幅面尺寸的刨花板。

(三)对角线之差允许值

mm

板长度	允许值
≤1 220	≤3
>1 220～1 830	≤4
>1 830～2 440	≤5
>2 440	≤6

（四）外观质量

缺陷名称	允许值
断裂、透裂	不允许
单个面积大于 40 mm^2 的胶斑、石蜡斑、油污斑等污染点	不允许
边角残损	在公称尺寸内不允许

（五）刨花板出厂时的共同指标

公称尺寸偏差 mm			板边缘不直度偏差 mm/m	翘曲度 %	含水量 %	密度 g/cm^3	板内平均密度偏差 %	甲醛释放量（穿孔值）mg/100 g	
板内和板间厚度		长和宽							
砂光板	未砂光板							E_1	E_2
±0.3	-0.1，+1.9	0~5	1.0	≤1.0	4~13	0.4~0.9	±8.0	≤9.0	>9.0~30

注：刨花板厚度≤10 mm 的不测翘曲度。

（六）标记、包装、运输和储存、标志

1. 标记

产品应加盖表明规格、生产日期和检验员代号的标记。

2. 包装

产品应按不同类型、规格分别妥善包装。每个包装应挂有注明产品名称、生产厂名、厂址、执行标准、商标、规格、张数、防潮以及盖有合格章的标签。

3. 运输和储存

产品在运输和储存过程中应注意防潮、防雨、防晒、防变形。

4. 标志

不同颜色表示不同类型的刨花板。可用 25 mm 宽的色带在刨花板一角的适当位置进行标志。不同类型刨花板的颜色标志应按下表规定。

刨花板类型	颜 色
普通刨花板	—
家具及室内装修用板	白,蓝
在干燥状态下使用的结构用板	黄,黄,蓝
在潮湿状态下使用的结构用板	黄,黄,绿
在干燥状态下使用的增强结构用板	黄,蓝
在潮湿状态下使用的增强结构用板	黄,绿

二、对在干燥状态下使用的普通用刨花板的要求

理化性能		静曲强度 MPa	内结合强度 MPa	表面结合强度 MPa	2 h 吸水厚度膨胀率 %
公称厚度范围 mm	>3 ~ 6	≥14	≥0.31	≥0.7	≤8.0
	>6 ~ 13	≥12.5	≥0.28		
	>13 ~ 20	≥11.5	≥0.24		
	>20 ~ 25	≥10	≥0.20		
	>25 ~ 32	≥8.5	≥0.17		
	>32 ~ 40	≥7	≥0.14		
	>40	≥5.5	≥0.14		

三、对在干燥状态下使用的家具及室内装修用刨花板的要求

(一)板面外观质量

家具及室内装修用板必须砂光,砂光后的板面外观质量应符合下表规定。

缺陷名称		允许值
压痕		不允许
漏砂		不允许
在任意 400 cm^2 板面上各种刨花板尺寸的允许个数	≥20 mm^2	不允许
	≥5 mm^2 ~ <20 mm^2	3

(二)理化性能指标

理化性能		静曲强度 MPa	弯曲弹性模量 MPa	内结合强度 MPa	表面结合强度 MPa	2 h 吸水厚度膨胀率 %
公称厚度范围 mm	>3 ~4	≥13	≥1 800	≥0.45	≥0.8	≤8.0
	>4 ~6	≥15	≥1 950			

续 表

<table>
<tr><th colspan="2">理化性能</th><th>静曲强度
MPa</th><th>弯曲弹性模量
MPa</th><th>内结合强度
MPa</th><th>表面结合强度
MPa</th><th>2 h 吸水厚度膨胀率
%</th></tr>
<tr><td rowspan="6">公称厚度范围
mm</td><td>>6 ~ 13</td><td>≥14</td><td>≥1 800</td><td>≥0.40</td><td rowspan="6">≥0.8</td><td rowspan="6">≤8.0</td></tr>
<tr><td>>13 ~ 20</td><td>≥13</td><td>≥1 600</td><td>≥0.35</td></tr>
<tr><td>>20 ~ 25</td><td>≥11.5</td><td>≥1 500</td><td>≥0.30</td></tr>
<tr><td>>25 ~ 32</td><td>≥10</td><td>≥1 350</td><td>≥0.25</td></tr>
<tr><td>>32 ~ 40</td><td>≥8.5</td><td>≥1 200</td><td rowspan="2">≥0.20</td></tr>
<tr><td>>40</td><td>≥7</td><td>≥1 050</td></tr>
</table>

四、对在干燥状态下使用的结构用刨花板的要求

(一)理化性能指标

理化性能		静曲强度,MPa	弯曲弹性模量 MPa	内结合强度 MPa	表面结合强度 MPa	24 h 吸水厚度膨胀率 %
公称厚度范围 mm	3~4	≥15	≥1 950	≥0.45	≥0.9	≤23
	>4~6	≥17	≥2 200			≤19
	>6~13		≥2 300	≥0.40		≤16
	>13~20	≥15	≥2 150	≥0.35		≤15
	>20~25	≥13	≥1 900	≥0.30		
	>25~32	≥11	≥1 700	≥0.25		
	>32~40	≥9	>1 500	≥0.20		≤14
	>40	≥7	≥1 200			

(二)握螺钉力

厚度≥16 mm 的板测定握螺钉力。

要求板面握螺钉力≥1 100 N,板边握螺钉力≥700 N。

五、对在潮湿状态下使用的结构用刨花板的要求

(一)理化性能指标

<table>
<tr><th colspan="2">理化性能</th><th>静曲强度
MPa</th><th>弯曲弹性模量
MPa</th><th>内结合强度
MPa</th><th>表面结合强度
MPa</th><th>2 h 沸水煮后内结合强度
MPa</th><th>24 h 吸水厚度膨胀率
%</th></tr>
<tr><td rowspan="8">公称厚度范围
mm</td><td>3 ~ 4</td><td>≥20</td><td rowspan="3">≥2 250</td><td rowspan="2">≥0.50</td><td rowspan="8">≥0.9</td><td rowspan="3">≥0.15</td><td>≤3</td></tr>
<tr><td>>4 ~ 6</td><td>≥19</td><td>≤12</td></tr>
<tr><td>>6 ~ 13</td><td>≥18</td><td rowspan="2">≥0.45</td><td>≤11</td></tr>
<tr><td>>13 ~ 20</td><td>≥16</td><td>≥2 400</td><td>≥0.14</td><td rowspan="3">≤10</td></tr>
<tr><td>>20 ~ 25</td><td>≥14</td><td>≥2 150</td><td>≥0.40</td><td>≥0.12</td></tr>
<tr><td>>25 ~ 32</td><td>≥12</td><td>≥1 900</td><td>≥0.35</td><td>≥0.11</td></tr>
<tr><td>>32 ~ 40</td><td>≥10</td><td>≥1 700</td><td>≥0.30</td><td>≥0.10</td><td rowspan="2">≤9</td></tr>
<tr><td>>40</td><td>≥9</td><td>≥1 550</td><td>≥0.25</td><td>≥0.09</td></tr>
</table>

(二)握螺钉力

厚度≥16 mm 的板测定握螺钉力。

要求板面握螺钉力≥1 100 N,板边握螺钉力≥700 N。

六、对在干燥状态下使用的增强结构用刨花板的要求

(一)理化性能指标

<table>
<tr><th colspan="2">理化性能</th><th>静曲强度
MPa</th><th>弯曲弹性模量
MPa</th><th>内结合强度
MPa</th><th>表面结合强度
MPa</th><th>24 h 吸水厚度膨胀率
%</th></tr>
<tr><td rowspan="6">公称厚度范围
mm</td><td>6 ~ 13</td><td>≥20</td><td>≥3 150</td><td>≥0.60</td><td rowspan="6">≥0.9</td><td>≤15</td></tr>
<tr><td>≥13 ~ 20</td><td>≥18</td><td>≥3 000</td><td>≥0.50</td><td rowspan="3">≤14</td></tr>
<tr><td>≥20 ~ 25</td><td>≥16</td><td>≥2 550</td><td>≥0.40</td></tr>
<tr><td>≥25 ~ 32</td><td>≥15</td><td>≥2 400</td><td>≥0.35</td></tr>
<tr><td>≥32 ~ 40</td><td>≥14</td><td>≥2 200</td><td>≥0.30</td><td rowspan="2">≤13</td></tr>
<tr><td>>40</td><td>≥12</td><td>≥2 050</td><td>≥0.25</td></tr>
</table>

(二)握螺钉力

厚度≥16 mm 的板测定握螺钉力。

要求板面握螺钉力≥1 100 N;板边握螺钉力≥800 N。

七、对在潮湿状态下使用的增强结构用刨花板的要求

(一)理化性能指标

理化性能		静曲强度 MPa	弯曲弹性模量 MPa	内结合强度 MPa	表面结合强度 MPa	2 h 沸水煮后内结合强度 MPa	24 h 吸水厚度的膨胀率 %
公称厚度范围 mm	6～13	≥22	≥3 350	≥0.75	≥0.9	≥0.25	≤9
	>13～20	≥20	≥3 100	≥0.70		≥0.23	≤8
	>20～25	≥18.5	≥2 900	≥0.65		≥0.20	
	>25～32	≥17	≥2 800	≥0.60		≥0.18	
	>32～40	≥16	≥2 600	≥0.55		≥0.17	≤7
	>40	≥15	≥2 400	≥0.50		≥0.15	

(二)握螺钉力

厚度≥16 mm 的板测定握螺钉力。

要求板面握螺钉力≥1 100 N;板边握螺钉力≥800 N。

普通枕木、道岔枕木的尺寸(GB 154—1984)(摘)

类别	类型	长度 m	厚度 cm	宽度 cm
普通枕木	Ⅰ	2.50	16	22
	Ⅱ	2.50	14.5	20
道岔枕木		2.60~4.80	16	24

注:①本标准适用于铁路标准轨(轨距 1 435 mm)的普通枕木、道岔枕木。

②道岔枕木长度按 0.2 m 进级,必须配套供应。

水泥的代号

品　种	代　号
Ⅰ类硅酸盐水泥(国外通称波特兰水泥)	P·Ⅰ
Ⅱ类硅酸盐水泥	P·Ⅱ
普通硅酸盐水泥(简称普通水泥)	P·O
矿渣硅酸盐水泥(简称矿渣水泥)	P·S
火山灰质硅酸盐水泥(简称火山灰水泥)	P·P
粉煤灰硅酸盐水泥(简称粉煤灰水泥)	P·F
复合硅酸盐水泥(简称复合水泥)	P·C
中抗硫酸盐硅酸盐水泥(简称中抗硫酸盐水泥)	P·MSR
高抗硫酸盐硅酸盐水泥(简称高抗硫酸盐水泥)	P·HSR
中热硅酸盐水泥(简称中热水泥)	P·MH
低热硅酸盐水泥(简称低热水泥)	P·LH
低热矿渣硅酸盐水泥(简称低热矿渣水泥)	P·SLH
砌筑水泥	M
白色硅酸盐水泥(简称白水泥)	P·W

硅酸盐水泥、普通硅酸盐水泥(GB 175—1999)

水泥强度等级按规定龄期的抗压强度和抗折强度来划分,各强度等级水泥的各龄期强度不得低于下表数值。

MPa

品　种	强度等级	抗压强度		抗折强度	
		3 天	28 天	3 天	28 天
硅酸盐水泥	42.5	17.0	42.5	3.5	6.5
	42.5R	22.0	42.5	4.0	6.5
	52.5	23.0	52.5	4.0	7.0
	52.5R	27.0	52.5	5.0	7.0
	62.5	28.0	62.5	5.0	8.0
	62.5R	32.0	62.5	5.5	8.0
普通硅酸盐水泥	32.5	11.0	32.5	2.5	5.5
	32.5R	16.0	32.5	3.5	5.5
	42.5	16.0	42.5	3.5	6.5
	42.5R	21.0	42.5	4.0	6.5
	52.5	22.0	52.5	4.0	7.0
	52.5R	26.0	52.5	5.0	7.0

矿渣硅酸盐水泥、火山灰质硅酸盐水泥及粉煤灰硅酸盐水泥（GB 1344—1999）

水泥强度等级按规定龄期的抗压强度和抗折强度来划分，各强度等级水泥的各龄期强度不得低于下表数值。

MPa

强度等级	抗压强度		抗折强度	
	3 天	28 天	3 天	28 天
32. 5	10. 0	32. 5	2. 5	5. 5
32. 5R	15. 0	32. 5	3. 5	5. 5
42. 5	15. 0	42. 5	3. 5	6. 5
42. 5R	19. 0	42. 5	4. 0	6. 5
52. 5	21. 0	52. 5	4. 0	7. 0
52. 5R	23. 0	52. 5	4. 5	7. 0

复合硅酸盐水泥(GB 12958—1999)

水泥强度等级按规定龄期的抗压强度和抗折强度来划分,各强度等级水泥的各龄期强度不得低于下表数值。

MPa

强度等级	抗压强度		抗折强度	
	3 天	28 天	3 天	28 天
32. 5	11. 0	32. 5	2. 5	5. 5
32. 5R	16. 0	32. 5	3. 5	5. 5
42. 5	16. 0	42. 5	3. 5	6. 5
42. 5R	21. 0	42. 5	4. 0	6. 5
52. 5	22. 0	52. 5	4. 0	7. 0
52. 5R	26. 0	52. 5	5. 0	7. 0

注:袋装水泥每袋净含量 50 kg,且不得少于标志质量的 98%,随机抽取 20 袋总质量不得少于 1 000 kg。

抗硫酸盐硅酸盐水泥(GB 748—2005)

水泥强度等级按规定龄期的抗压强度和抗折强度来划分,各龄期的抗压强度和抗折强度应不低于下表数值。

MPa

分　类	强度等级	抗压强度		抗折强度	
		3 天	28 天	3 天	28 天
中抗硫酸盐水泥	32.5	10.0	32.5	2.5	6.0
高抗硫酸盐水泥	42.5	15.0	42.5	3.0	6.5

水泥中硅酸三钙、铝酸三钙、氧化镁、三氧化硫的含量(质量分数),以及其他技术要求见下表。

分类	硅酸三钙 %	铝酸三钙 %	氧化镁 %	三氧化硫 %	烧失量 %	不溶物 %	比表面积 m^2/kg	初凝 min	终凝 h
中抗硫酸盐水泥	≤55.0	≤5.0	≤5.0	≤2.5	≤3.0	≤1.50	≥280	不早于45	不迟于10
高抗硫酸盐水泥	≤50.0	≤3.0							

中热硅酸盐水泥、低热硅酸盐水泥、低热矿渣硅酸盐水泥

(GB 200—2003)

水泥的强度等级按规定龄期的抗压强度和抗折强度划分,各龄期的抗压强度和抗折强度应不低于下表数值。

MPa

品　种	强度等级	抗压强度			抗折强度		
		3 天	7 天	28 天	3 天	7 天	28 天
中热水泥	42.5	12.0	22.0	42.5	3.0	4.5	6.5
低热水泥	42.5	—	13.0	42.5	—	3.5	6.5
低热矿渣水泥	32.5	—	12.0	32.5	—	3.0	5.5

水泥的水化热允许采用直接法或溶解热法进行检验，各龄期的水化热应不大于下表数值。

kJ/kg

品　种	强度等级	水化热	
		3 天	7 天
中热水泥	42.5	251	293
低热水泥	42.5	230	260
低热矿渣水泥	32.5	197	230

白色硅酸盐水泥(GB/T 2015—2005)

水泥强度等级按规定的抗压强度和抗折强度来划分,各强度等级的各龄期强度应不低于下表数值。

MPa

强度等级	抗压强度		抗折强度	
	3 天	28 天	3 天	28 天
32.5	12.0	32.5	3.0	6.0
42.5	17.0	42.5	3.5	6.5
52.5	22.0	52.5	4.0	7.0

其他技术要求如下:

1)水泥白度值应不低于87;

2)水泥中三氧化硫的含量应不超过3.5%;

3)80 μm 方孔筛筛余应不超过10%;

4)初凝应不早于45 min,终凝应不迟于10 h。

砌筑水泥(GB/T 3183—2003)

砌筑水泥主要用于砌筑和抹面砂浆、垫层混凝土等,不应用于结构混凝土。各等级水泥各龄期强度应不低于下表数值。

MPa

水泥等级	抗压强度		抗折强度	
	7 天	28 天	7 天	28 天
12.5	7.0	12.5	1.5	3.0
22.5	10.0	22.5	2.0	4.0

其他技术要求:

1)水泥中三氧化硫含量应不大于4.0%;

2)80 μm 方孔筛筛余应不大于10.0%;

3)初凝应不早于60 min,终凝应不迟于12 h;

4)保水率应不低于80%。

平板玻璃各种厚度、标准箱、质量箱、包装箱

厚度 mm	10 m^2 折标准箱	10 m^2 折质量箱	每标准箱 m^2 数	每包装箱 m^2	每包装箱 标准箱	每包装箱质量 kg
2	1	1	10	20	2	100
				30	3	150
				40	4	200
				45	4.5	225
3	1.6	1.5	6.25	20	3.2	150
				30	4.8	225
4	2.5	2	4	20	5	200
5	3.5	2.5	2.86	20	7	250
				25	8.75	312.5
				30	10.5	375

续 表

厚度 mm	10 m^2 折标准箱	10 m^2 折质量箱	每标准箱 m^2 数	每包装箱 m^2	 标准箱	每包装箱质量 kg
6	4.5	3	2.22	15	6.75	225
				20	9	300
				25	11.25	375

注:平板玻璃的计算方法:

标准箱,以 2 mm 平板玻璃 10 m^2 为 1 标准箱,其他厚度玻璃折算标准箱可按上表厚度标准系数换算。

质量箱,以 2 mm 平板玻璃 10 m^2 为 1 质量箱,其他厚度玻璃可按上表质量箱系数换算。

包装箱,即实际箱,它是运输的计件单位。

换算举例:将厚 3 mm 的平板玻璃 30 m^2 折合标准箱和质量箱。

$$\frac{30}{10}\times 1.6 = 4.8\text{(标准箱)}$$

$$\frac{30}{10}\times 1.5 = 4.5\text{(质量箱)}$$

有机玻璃板材

密度:1.19 g/cm^3

厚 度 mm	理论质量 kg/m^2	厚 度 mm	理论质量 kg/m^2
1	1.19	6	7.14
2	2.38	7	8.33
3	3.57	8	9.52
4	4.76	9	10.71
5	5.95	10	11.90

注:每平方米有机玻璃板材质量的计算公式为 $W=1.19\delta$;δ——厚度。

有机玻璃棒材

密度:1.19 ~ 1.4 g/cm^3

直径 mm	公差 mm	理论质量 kg/m	直径 mm	公差 mm	理论质量 kg/m	直径 mm	公差 mm	理论质量 kg/m
5	+0.5 −0.5	0.02	14	+1.4 −0.5	0.14	28	+1.5 −0.5	0.73
6	+0.6 −0.5	0.03	15	+1.5 −0.5	0.21	30	+1.5 −0.5	0.84
7	+0.7 −0.5	0.05	16	+1.5 −0.5	0.24	32	+1.5 −0.5	0.96
8	+0.8 −0.5	0.06	18	+1.5 −0.5	0.30	35	+1.5 −0.5	1.14
9	+0.9 −0.5	0.08	20	+1.5 −0.5	0.37	38	+1.5 −0.5	1.35
10	+1.0 −0.5	0.09	22	+1.5 −0.5	0.45	40	+1.5 −0.5	1.49
12	+1.2 −0.5	0.13	25	+1.5 −0.5	0.58			

注:每米有机玻璃棒材质量的计算公式为 $W = 0.9346\ d^2 \div 1\,000$;$d$——直径。

硬聚氯乙烯塑料管材

密度：1.40～1.60 g/cm^3

外径及公差 mm	轻型		重型	
	壁厚及公差 mm	近似质量 kg/m	壁厚及公差 mm	近似质量 kg/m
10 ±0.2	—	—	1.5 +0.4	0.06
12 ±0.2	—	—	1.5 +0.4	0.07
16 ±0.2	—	—	2.0 +0.4	0.13
20 ±0.3	—	—	2.0 +0.4	0.17
25 ±0.3	1.5 +0.4	0.17	2.5 +0.5	0.27
32 ±0.3	1.5 +0.4	0.22	2.5 +0.5	0.35

注：每米硬聚氯乙烯塑料管材质量的计算公式为 $W=4.6596\delta(D-\delta)\div1000$；

D——外径；δ——壁厚。

硬聚氯乙烯塑料电线管材

密度:1.40～1.60 g/cm^3

公称口径		外 径	壁 厚	内 径	理论质量
mm	in	mm	mm	mm	kg/m
15	5/8	16	1.5	13	0.10
20	3/4	20	1.5	17	0.13
25	1	25	1.5	22	0.17
32	$1\frac{1}{4}$	32	1.5	29	0.22
40	$1\frac{1}{2}$	40	2.0	36	0.36
50	2	50	2.0	46	0.45
70	$2\frac{1}{2}$	63	2.5	58	0.71
80	3	75	2.5	70	0.85

注:每米硬聚氯乙烯塑料电线管材质量的计算公式为 $W=4.659\,6\delta(D-\delta)\div 1\,000$;

D——外径;δ——壁厚。

硬聚氯乙烯板材

密度;1.40～1.69 g/cm³

厚度 mm	理论质量 kg/m²	厚度 mm	理论质量 kg/m²	厚度 mm	理论质量 kg/m²
2	2.96	7	10.04	14	20.70
2.5	3.70	7.5	11.10	15	22.20
3	4.44	8	11.84	16	23.70
3.5	5.18	8.5	12.60	17	25.20
4	5.92	9	13.30	18	26.60
4.5	6.66	9.5	14.10	19	28.10
5	7.40	10	14.80	20	29.60
5.5	8.14	11	16.30	25	34.83
6	8.88	12	17.80	28	41.40
6.5	9.62	13	19.20	30	44.40

注:每平方米硬聚氯乙烯板材质量的计算公式为 $W = 1.48\delta$;δ——厚度。

建筑排水用硬聚氯乙烯管材(GB/T 5836.1—1992)

一、管材规格尺寸和允许偏差

mm

公称外径 d_e	平均外径极限偏差	壁厚 e		长度 L	
		基本尺寸	极限偏差	基本尺寸	极限偏差
40	+0.3 0	2.0	+0.4 0	4 000 或 6 000	±10
50	+0.3 0	2.0	+0.4 0		
75	+0.3 0	2.3	+0.4 0		
90	+0.3 0	3.2	+0.6 0		
110	+0.4 0	3.2	+0.6 0		
125	+0.4 0	3.2	+0.6 0		
160	+0.5 0	4.0	+0.6 0		

注:①管材长度亦可由供需双方协商确定。

②管材同一截面壁厚偏差不得超过14%。

③管材弯曲度应小于1%。

二、管材物理机械性能

项　目	指　标		
	优等品	合格品	试验方法
拉伸屈服强度 MPa	≥43	≥40	见 5.6.1
断裂伸长率 %	≥80		见 5.6.1
维卡软化温度 ℃	≥79	≥79	见 5.6.2
扁平试验	无破裂	无破裂	见 5.6.3
落锤冲击试验 TIR*			见 5.6.4
20℃或 0℃	TIR≤10% TIR≤5%	9/10 通过 9/10 通过	
纵向回缩率 %	≤5.0	≤9.0	见 5.6.5

* TIR 为真实冲击率。

三、标志、包装、运输、储存

(一)标志

产品上应有明显标志:产品名称、标准号、规格、生产厂名(商标)及生产日期。

(二)包装

包装按用户要求。

(三)运输

产品在装卸运输时,不得受剧烈撞击、抛摔和重压。

(四)储存

储存场地应平整,堆放整齐,堆高不得超过 1.5 m,距热源不小于 1 m,不准暴晒,储存期自生产之日起,一般不超过两年。

软聚氯乙烯塑料电器套管材

密度:1.33 g/cm³

内径 mm	壁厚 mm	每100 m理论质量 kg	内径 mm	壁厚 mm	每100 m理论质量 kg	内径 mm	壁厚 mm	每100 m理论质量 kg
1.0	0.4	0.238	6.0	0.6	1.680	20	1.15	10.800
1.5	0.4	0.323	7.0	0.6	1.930	22	1.15	11.800
2.0	0.4	0.408	8.0	0.6	2.190	25	1.15	13.300
2.5	0.4	0.493	9.0	0.6	2.440	28	1.40	17.400
3.0	0.4	0.578	10	0.7	3.170	30	1.40	18.600
3.5	0.4	0.663	12	0.7	3.760	34	1.40	21.000
4.0	0.6	1.170	14	0.7	4.350	36	1.40	22.200
4.5	0.6	1.300	16	0.9	6.450	40	1.75	31.000
5.0	0.6	1.420	18	1.15	9.750			

注:每米软聚氯乙烯塑料电器套管材质量的计算公式为 $W = 4.1783\delta(D+\delta) \div 1000$;$D$——内径;$\delta$——壁厚。

软聚氯乙烯塑料板材

密度:1.33 g/cm^3

规格 mm			近似质量 kg/m^2	颜色
厚度	公差	宽度		
1	±0.2	1 200	1.35	一般有本色、白色、棕色、绿色、蓝色等
2	±0.2	1 200	2.70	
3	±0.3	1 200	4.05	
4	±0.4	1 200	5.40	
5	±0.5	1 200	6.75	
6	±0.5	1 200	8.10	
8	±0.5	1 200	10.80	
10	±0.5	1 200	13.50	

注:每平方米软聚氯乙烯塑料板材的计算公式为 $W = 1.33\delta$;δ——厚度。

聚苯乙烯塑料板材

密度:1.04 ~ 1.08 g/cm³

厚　度 mm	理论质量 kg/m²	厚　度 mm	理论质量 kg/m²	厚　度 mm	理论质量 kg/m²
2	2.12	8	8.48	30	31.80
3	3.18	10	10.60	35	37.10
4	4.24	15	15.90	40	42.40
5	5.30	20	21.20	45	47.70
6	6.36	25	26.50	50	53.00

注:①每平方米聚苯乙烯塑料板材质量的计算公式为 $W=1.06\delta$;δ——厚度。

②每米聚苯乙烯塑料棒材质量的计算公式为 $W=0.832\,5d^2\div 1\,000$;d——直径。

塑料布(塑料薄膜)

厚　度 mm	理论质量 kg/km^2	厚　度 mm	理论质量 kg/km^2	厚　度 mm	理论质量 kg/km^2
0.04	48	0.10	120	0.4	480
0.06	72	0.14	168	0.5	600
0.08	96	0.3	360		
0.09	108	0.35	420		

普通工业用橡胶板

密度:1.2 g/cm^3

厚　度 mm	理论质量 kg/m^2	厚　度 mm	理论质量 kg/m^2	厚　度 mm	理论质量 kg/m^2
0.5	0.6	5	6.0	18	21.6
1	1.2	6	7.2	20	24.0
1.5	1.8	8	9.6	22	26.4
2	2.4	10	12.0	25	30.0
2.5	3.0	12	14.4	30	36.0
3	3.6	14	16.8	40	48.0
4	4.8	16	19.2	50	60.0

注:①根据橡胶板用途不同,一般含胶量由10%至80%不等,以20%和30%者最常用。

②根据需要,可以制成光面、布纹、花纹及带颜色或夹织物的各类橡胶板。

车用汽油(GB 17930—2006)

一、牌号

车用汽油按研究法辛烷值分90号、93号和97号三个牌号。

二、技术要求

(一)车用汽油(Ⅱ)的技术要求

项　目	质量指标			试验方法
	90号	93号	97号	
抗爆性:				
研究法辛烷值(RON)	≥90	≥93	≥97	GB/T 5487
抗爆指数(RON+MON)/2	≥85	≥88	报告	GB/T 503,GB/T 5487
铅含量[1]/(g/L)	≤0.005			GB/T 8020

续 表

项目	质量指标			试验方法
	90 号	93 号	97 号	
馏程: 10%蒸发温度/℃ 50%蒸发温度/℃ 90%蒸发温度/℃ 终馏点/℃ 残留量/%(体积分数)	 ≤70 ≤120 ≤190 ≤205 ≤2			GB/T 6536
蒸气压/kPa 11月1日至次年4月30日 5月1日至10月31日	 ≤88 ≤74			GB/T 8017
实际胶质/(mg/100 mL)	≤5			GB/T 8019
诱导期/min	≥480			GB/T 8018

续 表

项 目	质量指标			试验方法
	90 号	93 号	97 号	
硫含量[2]/%(质量分数)	≤0.05			GB/T 380,GB/T 11140,GB/T 17040,SH/T 0253,SH/T 0689,SH/T 0742
硫醇(需满足下列要求之一): 博士试验 硫醇硫含量/%(质量分数)	 通过 ≤0.001			 SH/T 0174 GB/T 1792
铜片腐蚀(50 ℃,3 h)/级	≤1			GB/T 5096
水溶性酸或碱	无			GB/T 259
机械杂质及水分	无			目测[3]
苯含量[4]/%(体积分数)	≤2.5			SH/T 0693,SH/T 0713
芳烃含量[5]/%(体积分数)	≤40			GB/T 11132,SH/T 0741
烯烃含量[5]/%(体积分数)	≤35			GB/T 11132,SH/T 0741

续 表

项 目	质量指标			试验方法
	90号	93号	97号	
氧含量/%(质量分数)	≤2.7			SH/T 0663
甲醇含量[1]/%(质量分数)	≤0.3			SH/T 0663
锰含量[6]/(g/L)	≤0.018			SH/T 0711
铁含量[1]/(g/L)	≤0.01			SH/T 0712

1)车用汽油中,不得人为加入甲醇以及含铅或含铁的添加剂。

2)在有异议时,以 GB/T 380 方法测定结果为准。

3)将试样注入 100 mL 玻璃量筒中观察,应当透明,没有悬浮和沉降的机械杂质和水分。在有异议时,以 GB/T 511 和 GB/T 260 方法测定结果为准。

4)在有异议时,以 SH/T 0713 方法测定结果为准。

5)对于 97 号车用汽油,在烯烃、芳烃总含量控制不变的前提下,可允许芳烃的最大值为 42%(体积分数)。在含量测定有异议时,以 GB/T 11132 方法测定结果为准。

6)锰含量是指汽油中以甲基环戊二烯三羰基锰形式存在的总锰含量,不得加入其他类型的含锰添加剂。

（二）车用汽油（Ⅲ）的技术要求

项目	质量指标			试验方法
	90 号	93 号	97 号	
抗爆性： 研究方法辛烷值（RON） 抗爆指数（RON + MON）/2	 ≥90 ≥85	 ≥93 ≥88	 ≥97 报告	 GB/T 5487 GB/T 503，GB/T 5487
铅含量[1)]/（g/L）	≤0.005			GB/T 8020
馏程： 10%蒸发温度/℃ 50%蒸发温度/℃	 ≤70 ≤120			GB/T 6536
90%蒸发温度/℃ 终馏点/℃ 残留量/%（体积分数）	≤190 ≤205 ≤2			

续 表

项 目	质量指标			试验方法
	90 号	93 号	97 号	
蒸气压/kPa 11 月 1 日至次年 4 月 30 日 5 月 1 日至 10 月 31 日	 ≤88 ≤72			GB/T 8017
实际胶质/(mg/100 mL)	≤5			GB/T 8019
诱导期/min	≥480			GB/T 8018
硫含量[2)]/%(质量分数)	≤0.015			GB/T 380,GB/T 11140,SH/T 0253,SH/T 0689,SH/T 0742
硫醇(需要满足下列要求之一): 博士试验 硫醇硫含量/%(质量分数)	 通过 ≤0.001			 SH/T 0174 GB/T 1792

续 表

项 目	质量指标			试验方法
	90号	93号	97号	
铜片腐蚀(50℃,3h)/级	≤1			GB/T 5096
水溶性酸或碱	无			GB/T 259
机械杂质及水分	无			目测[3)]
苯含量[4)]/%(体积分数)	≤1.0			SH/T 0693,SH/T 0713
芳烃含量[5)]/%(体积分数)	≤40			GB/T 11132,SH/T 0741
烯烃含量[5)]/%(体积分数)	≤30			GB/T 11132,SH/T 0741
氧含量/%(质量分数)	≤2.7			SH/T 0663
甲醇含量[1)]/%(质量分数)	≤0.3			SH/T 0663

续 表

项 目	质量指标			试验方法
	90 号	93 号	97 号	
锰含量[6]/(g/L)	≤0.016			SH/T 0711
铁含量[1]/(g/L)	≤0.01			SH/T 0712

1)车用汽油中,不得人为加入甲醇以及含铅或含铁的添加剂。

2)在有异议时,以 SH/T 0689 方法测定结果为准。

3)将试样注入 100 mL 玻璃量筒中观察,应当透明,没有悬浮和沉降的机械杂质和水分。在有异议时,以 GB/T 511 和 GB/T 260 方法测定结果为准。

4)在有异议时,以 SH/T 0713 方法测定结果为准。

5)对于 97 号车用汽油,在烯烃、芳烃总含量控制不变的前提下,可允许芳烃的最大值为 42%(体积分数)。在含量测定有异议时,以 GB/T 11132 方法测定结果为准。

6)锰含量是指汽油中以甲基环戊二烯三羰基锰形式存在的总锰含量,不得加入其他类型的含锰添加剂。

石油产品体积、质量换算表

产品名称	每升折合 kg	每美加仑折合 kg	每吨折合 L	每吨折合桶数 (每桶 200 L)
汽油	0.742	2.81	1 347.71	6.738 6
煤油	0.814	3.08	1 228.50	6.142 5
轻柴油	0.831	3.15	1 203.37	
中柴油	0.839		1 191.90	
重柴油	0.880	3.33	1 136.36	
燃料油	0.947		1 055.97	5.279 9

注:1 L=0.264 美加仑;1 美加仑=3.788 L。

常用建材理论质量

名　称	规　格 mm	理论质量 kg/m^3	备　注
砂		1 500 ~ 1 600	干
砂		1 600 ~ 1 700	堆积密实
碎石		1 400 ~ 1 500	堆置
卵石		1 600 ~ 1 800	干
黏土夹卵石		1 700 ~ 1 800	干,松
砂夹卵石		1 600 ~ 1 920	干,压实
砂夹卵石		1 500 ~ 1 700	干,松
砂夹卵石		1 890 ~ 1 920	湿
浮石		600 ~ 800	
花岗石、大理石		2 800	
石灰石		2 640	
石灰石		1 520	片石堆置
方整石	花岗石	2 800	
石屑		1 500	

续 表

名 称	规 格 mm	理论质量 kg/m^3	备 注
炉渣		800	
矿渣		1 050	
生石灰块		1 100	堆置, $\Psi=30°$
生石灰粉		1 200	堆置, $\Psi=35°$
灰膏		1 350	
普通砖	240×115×53	1 800	684 块/m^3,500 块/t
机制砖	240×115×53	1 900	684 块/m^3,500 块/t
缸砖	230×110×65	2 100~2 150	609 块/m^3
红缸砖		2 040	
耐火砖	230×110×65	1 900~2 200	609 块/m^3,310 块/t
耐酸瓷砖		2 300~2 500	
灰砂砖		1 800	砂:白灰=92:8
煤渣砖		1 700~1 850	
矿渣砖		1 850	

续 表

名 称	规 格 mm	理论质量 kg/m^3	备 注
焦渣砖		1 200 ~ 1 400	
烟灰砖		1 400 ~ 1 500	
锯末砖		900	
焦渣空心砖	290 × 290 × 140	1 000	85 块/m^3
水泥空心砖	290 × 290 × 140	980	85 块/m^3
水泥空心砖	300 × 250 × 110	1 030	121 块/m^3
碎砖		1 200	堆置
黏土坯		1 200 ~ 1 500	1 042 块/m^3
黏土		1 350	干,松,空隙比为 1.0
黏土		1 600	干,$\Psi = 40°$,压实
黏土		1 800	湿,$\Psi = 35°$,压实
黏土		2 000	很湿,$\Psi = 20°$,压实
砂土		1 220	干,松
砂土		1 600	干,$\Psi = 35°$,压实

续 表

名 称	规 格 mm	理论质量 kg/m^3	备 注
砂土		1 800	湿，$\Psi = 35°$，压实
砂土		2 000	很湿，$\Psi = 25°$，压实
水泥花砖	200×200×24	1 980	1 042 块/m^3
磁面砖		1 780	
马塞克	厚 5	1 200	
柏油		1 200	
石油沥青		1 000～1 100	
煤沥青		1 340	
煤焦		1 200	
乳化沥青		980～1 050	
膨胀珍珠岩粉料		80～200	干，松散
膨胀珍珠岩制品		350～400	
膨胀蛭石		80～200	
沥青蛭石板(管)		350～400	
聚苯乙烯泡沫塑料		50	

烧结普通砖(GB/T 5101—2003)

一、分类

1)按主要原料分类,砖分为黏土砖(N)、页岩砖(Y)、煤矸石砖(M)和粉煤灰砖(F)。

2)根据抗压强度分为MU30、MU25、MU20、MU15、MU10五个强度等级。

3)强度、抗风化性能和放射性物质合格的砖,根据尺寸偏差、外观质量、泛霜和石灰爆裂等情况分为优等品(A)、一等品(B)、合格品(C)三个质量等级。

优等品用于清水墙和装饰墙,一等品、合格品可用于混水墙。中等泛霜的砖不能用于潮湿部位。

4)砖的外形为直角六面体,其公称尺寸为:长240 mm、宽115 mm、高53 mm。

二、尺寸允许偏差

mm

公称尺寸	优等品		一等品		合格品	
	样本平均偏差	样本级差	样本平均偏差	样本级差	样本平均偏差	样本级差
240	±2.0	≤6	±2.5	≤7	±3.0	≤8
115	±1.5	≤5	±2.0	≤6	±2.5	≤7
53	±1.5	≤4	±1.6	≤5	±2.0	≤6

三、砖的外观质量

mm

项　目	优等品	一等品	合格品
两条面高度差	≤2	≤3	≤4
弯曲	≤2	≤3	≤4
杂质凸出高度	≤2	≤3	≤4
缺棱掉角的三个破坏尺寸不得同时大于	15	20	30
裂纹长度： a)大面上宽度方向及其延伸至条面的长度	≤30	≤60	≤80
b)大面上长度方向及其延伸至顶面的长度或条、顶面上水平裂纹的长度	≤50	≤80	≤100
完整不得少于	二条面和二顶面	一条面和一顶面	—
颜色	基本一致	—	—

注：①为装饰而施加的色差、凹凸纹、拉毛、压花等不算作缺陷。

②凡有下列缺陷之一者，不得称为完整面：

a)缺损在条面或顶面上造成的破坏面尺寸同时大于 10 mm×10 mm。

b)条面或顶面上裂纹宽度大于 1 mm，其长度超过 30 mm。

c)压陷、粘底、焦花在条面或顶面上的凹陷或凸出超过 2 mm，区域尺寸同时大于 10 mm×10 mm。

四、强度等级

MPa

强度等级	抗压强度平均值 f	变异系数 $\delta \leqslant 0.21$	变异系数 $\delta > 0.21$
		抗压强度标准值 f_k	单块最小抗压强度值 f_{min}
MU30	≥30.0	≥22.0	≥25.0
MU25	≥25.0	≥18.0	≥22.0
MU20	≥20.0	≥14.0	≥16.0
MU15	≥15.0	≥10.0	≥12.0
MU10	≥10.0	≥6.5	≥7.5

五、抗风化性能

砖种类 \ 项目	严重风化区				非严重风化区			
	5 h 沸煮吸水率/%		饱和系数		5 h 沸煮吸水率/%		饱和系数	
	平均值	单块最大值	平均值	单块最大值	平均值	单块最大值	平均值	单块最大值
黏土砖	≤18	≤20	≤0.85	≤0.87	≤19	≤20	≤0.88	≤0.90
粉煤灰砖	≤21	≤23			≤23	≤25		
页岩砖	≤16	≤18	≤0.74	≤0.77	≤18	≤20	≤0.78	≤0.80
煤矸石砖	≤16	≤18			≤18	≤20		

注：粉煤灰掺入量（体积比）小于30%时，按黏土砖规定。

六、标志、包装、运输和储存

(一)标志

产品出厂时,必须提供产品质量合格证。产品质量合格证主要内容包括生产厂名、产品标记、批量及编号、证书编号、本批产品实测技术性能和生产日期等,并由检验员和承检单位签章。

(二)包装

根据用户需求按品种、强度、质量等级、颜色分别包装,包装应牢固,保证运输时不会摇晃碰坏。

(三)运输

产品装卸时要轻拿轻放,避免碰撞摔打。

(四)储存

产品应按品种、强度等级、质量等级分别整齐堆放,不得混杂。

蒸压灰砂砖(GB 11945—1999)

一、分类

1)根据灰砂砖的颜色分为彩色的(CO)、本色的(N)。

2)砖的外形为直角六面体。

3)砖的公称尺寸为长度240 mm,宽度115 mm,高度53 mm。生产其他规格尺寸的产品,由用户与生产厂商定。

4)砖的强度级别根据抗压强度和抗折强度分为MU25,MU20,MU15,MU10四级。

5)砖的质量等级根据尺寸偏差和外观质量、强度及抗冻性分为:优等品(A)、一等品(B)、合格品(C)。

二、尺寸偏差和外观要求

mm

项目			指标		
			优等品	一等品	合格品
尺寸允许偏差	长度	L	±2	±2	±3
	宽度	B	±2		
	高度	H	±1		
缺棱掉角	个数		≤1	≤1	≤2
	最大尺寸		≤10	≤15	≤20
	最小尺寸		≤5	≤10	≤10
对应高度差			≤1	≤2	≤3
裂纹	条数		≤1	≤1	≤2
	大面上宽度方向及其延伸到条面的长度		≤20	≤50	≤70
	大面上长度方向及其延伸到顶面上的长度或条、顶面水平裂纹的长度		≤30	≤70	≤100

三、力学性能

MPa

强度级别	抗压强度		抗折强度	
	平均值	单块值	平均值不小于	单块值
MU25	≥25.0	≥20.0	≥5.0	≥4.0
MU20	≥20.0	≥16.0	≥4.0	≥3.2
MU15	≥15.0	≥12.0	≥3.3	≥2.6
MU10	≥10.0	≥8.0	≥2.5	≥2.0

注:优等品的强度级别不得小于 MU15。

四、抗冻性指标

强度级别	冻后抗压强度平均值 MPa	单块砖的干质量损失 %
MU25	≥20.0	≤2.0
MU20	≥16.0	≤2.0
MU15	≥12.0	≤2.0
MU10	≥8.0	≤2.0

注:优等品的强度级别不得小于 MU15。

五、产品合格证、储存和运输

(一)产品合格证

出厂产品应有产品合格证,产品合格证包括生产厂名、商标、产品标记、本产品测定结果和生产日期。

(二)储存

灰砂砖应存放3天以后出厂,产品储存、堆放应做到场地平整、分级分等、整齐稳放。

(三)运输

产品运输、装卸时,严禁摔、掷、翻斗卸货。

建筑用轻钢龙骨(GB 11981—1989)

一、产品分类

(一)产品规格

1)墙体龙骨主要规格分为Q50,Q75和Q100。

2)吊顶龙骨按承载龙骨的规格分为D38,D45,D50和D60。

(二)标记方法

标记顺序为产品名称、代号、断面形状的宽度、高度、钢板厚度和本标准号。

二、技术要求

(一)外观质量

龙骨外形要平整、棱角清晰,切口不允许有影响使用的毛刺和变形。镀锌层不允许有起皮、起瘤、脱落等缺陷。对于腐蚀、损伤、黑斑、麻点等缺陷,按规定方法检测时,应符合下表的要求。

缺陷种类	优等品	一等品	合格品
腐蚀、损伤、黑斑、麻点	不允许	无较严重的腐蚀、损伤、麻点。面积不大于1 cm^2 的黑斑每米长度内不多于5处	

(二)双面镀锌量

龙骨表面应镀锌防锈,其双面镀锌量应不小于下表的规定。

g/m^2

项　目	优等品	一等品	合格品
双面镀锌量	120	100	80

(三)尺寸允许偏差

mm

<table>
<tr><th colspan="3">项　目</th><th>优等品</th><th>一等品</th><th>合格品</th></tr>
<tr><td colspan="3">长度 L</td><td colspan="3">$^{+30}_{-10}$</td></tr>
<tr><td rowspan="3">覆面龙骨断面尺寸</td><td rowspan="2">尺寸 A</td><td>$A \leqslant 30$</td><td colspan="3">±1.0</td></tr>
<tr><td>$A > 30$</td><td colspan="3">±1.5</td></tr>
<tr><td colspan="2">尺寸 B</td><td>±0.3</td><td>±0.4</td><td>±0.5</td></tr>
<tr><td rowspan="3">其他龙骨断面尺寸</td><td colspan="2">尺寸 A</td><td>±0.3</td><td>±0.4</td><td>±0.5</td></tr>
<tr><td rowspan="2">尺寸 B</td><td>$B \leqslant 30$</td><td colspan="3">±1.0</td></tr>
<tr><td>$B > 30$</td><td colspan="3">±1.5</td></tr>
</table>

（四）侧面和底面的平直度

mm

类　别	品　种	检测部位	优等品	一等品	合格品
墙体	横龙骨和竖龙骨	侧面	0.5	0.7	1.0
		底面	1.0	1.5	2.0
	通贯龙骨	侧面和底面			
吊顶	承载龙骨和覆面龙骨	侧面和底面			

（五）弯曲内角半径

mm

钢板厚度 δ	≤0.75	≤0.80	≤1.00	≤1.20	≤1.50
弯曲内角半径 R	1.25	1.50	1.75	2.00	2.25

（六）角度允许偏差

成形角的最短边尺寸 mm	优等品	一等品	合格品
10～18	±1°15′	±1°30′	±2°00′
>18	±1°00′	±1°15′	±1°30′

（七）龙骨组件的力学性能

类别	项目		要求
墙体	抗冲击性试验		最大残余变形量不大于10.0 mm，龙骨不得有明显的变形
	静载试验		最大残余变形量不大于2.0 mm
吊顶	静载试验	覆面龙骨	最大挠度不大于10.0 mm 残余变形量不大于2.0 mm
		承载龙骨	最大挠度不大于5.0 mm 残余变形量不大于2.0 mm

三、标志、包装、运输、储存

(一)标志

在每一包装件上应标明制造厂名、产品名称、产品标记、数量、质量等级和制造日期或批号。

(二)包装

产品出厂前应打捆包装,每捆质量不得超过 50 kg;产品配件用木箱或其他合适的材料包装,每件不得超过 50 kg,并附产品合格证。

(三)运输

产品在运输过程中,不允许扔、摔、碰撞。产品要平放,以防变形。

(四)储存

产品应存放在无腐蚀性危害的室内,注意防潮。

产品堆放时,底部需垫适当数量的垫条,防止变形。堆放高度不得超过 1.8 m。

耐水纸面石膏板(GB 11978—1989)

一、规格尺寸

1)长度为1 800 mm,2 100 mm,2 400 mm,2 700 mm,3 000 mm,3 300 mm和3 600 mm。

2)宽度为900 mm和1 200 mm。

3)厚度为9.12 mm和15 mm。

注:其他规格的板材可由供需双方商定,其质量应符合本标准的要求。

二、技术要求

板材应为难燃性材料。

(一)板材的外观质量

波纹、沟槽、污痕和划伤等缺陷		
优等品	一等品	合格品
不允许	不明显	不影响使用

(二)板材的尺寸允许偏差、楔形棱边深度及宽度

mm

项　目	优等品	一等品	合格品
长度	0 -5	0 -6	0 -6
宽度	0 -4	0 -5	0 -6
厚度	±0.5	±0.6	±0.8
楔形棱边深度	0.6~2.5		
楔形棱边宽度	40~80		

(三)板材的含水率

板材的含水率应不大于下表的规定。

%

优等品、一等品		合格品	
平均值	最大值	平均值	最大值
2.0	2.5	3.0	3.5

(四)板材的单位面积质量

板材的单位面积质量平均值应不大于下表的规定。

kg/m²

板厚 mm	优等品	一等品	合格品
9	9.0	9.5	10.0
12	12.0	12.5	13.0
15	15.0	15.5	16.0

(五)板材的断裂荷载

1)纵向断裂荷载应不低于下表的规定。

N

板厚 mm	优等品		一等品、合格品	
	平均值	最小值	平均值	最小值
9	392	353	353	318
12	539	485	490	441
15	686	617	637	573

2) 横向断裂荷载应不低于下表的规定。

N

板厚 mm	优等品		一等品、合格品	
	平均值	最小值	平均值	最小值
9	167	150	137	123
12	206	185	176	159
15	255	229	216	194

(六) 耐水性能

1) 浸水 2 h 吸水率应不大于下表的规定。

%

等级	优等品	一等品	合格品
平均值	5.0	8.0	10.0
最大值	6.0	9.0	11.0

2)板材的表面吸水量应不大于下表的规定。

g/m²

等级	优等品	一等品	合格品
平均值	1.6	2.0	2.4

3)板材浸水2 h后,护面纸与石膏芯不得剥离。

4)板材的受潮挠度应不大于下表的规定。

mm

厚度	优等品	一等品	合格品
9	48	52	56
12	32	36	40
15	16	20	24

三、标志、包装、运输、储存

(一)标志

在每张板材的反面应标明制造厂名、产品标记、生产日期,并印有绿色的色带标记。

(二)包装

产品应包装出厂,每件包装应附有产品合格证、质量等级、防潮标记等。

(三)运输

产品在运输过程中应轻放,防止损坏,并应有防雨措施。

(四)储存

板材的储存同 GB 9775。

耐火纸面石膏板(GB 11979—1989)

一、规格尺寸

1)长度为1 800 mm,2 100 mm,2 400 mm,2 700 mm,3 000 mm,3 300 mm和3 600 mm。

2)宽度为900 mm和1 200 mm。

3)厚度为9.12 mm,15 mm,18 mm,21 mm和25 mm。

注:其他规格的板材可由供需双方商定,但其质量应符合本标准的要求。

二、技术要求

板材在潮湿的环境中使用时,应采取相应的防潮措施。

(一)板材的外观质量

波纹、沟槽、污痕和划伤等缺陷		
优等品	一等品	合格品
不允许	不明显	不影响使用

(二)板材的尺寸允许偏差、楔形棱边深度及宽度

mm

<table>
<tr><th>项　目</th><th>优等品</th><th>一等品</th><th>合格品</th></tr>
<tr><td>长度</td><td>0
−5</td><td colspan="2">0
−6</td></tr>
<tr><td>宽度</td><td>0
−4</td><td>0
−5</td><td>0
−6</td></tr>
<tr><td>厚度</td><td>±0.5</td><td>±0.6</td><td>±0.8</td></tr>
<tr><td>楔形棱边深度</td><td colspan="3">0.6～2.5</td></tr>
<tr><td>楔形棱边宽度</td><td colspan="3">40～80</td></tr>
</table>

(三)板材的含水率

板材的含水率应不大于下表的规定。

%

<table>
<tr><th colspan="2">优等品、一等品</th><th colspan="2">合格品</th></tr>
<tr><td>平均值</td><td>最大值</td><td>平均值</td><td>最大值</td></tr>
<tr><td>2.0</td><td>2.5</td><td>3.0</td><td>3.5</td></tr>
</table>

（四）板材的单位面积质量

板材厚度 mm	单位面积质量 kg/m^2
9	8.0～10.0
12	10.0～13.0
15	13.0～16.0
18	15.0～19.0
21	17.0～22.0
25	20.0～26.0

（五）板材的纵向与横向断裂荷载。

纵向断裂荷载应不小于下表的规定。

N

板材厚度 mm	优等品		一等品、合格品	
	平均值	最小值	平均值	最小值
9	400	360	360	320
12	550	500	500	450

续　表

N

板材厚度 mm	优等品		一等品、合格品	
	平均值	最小值	平均值	最小值
15	700	630	650	590
18	850	770	800	730
21	1 000	900	950	860
25	1 150	1 040	1 100	1 000

横向断裂荷载应不小于下表的规定。

N

板材厚度 mm	优等品		一等品、合格品	
	平均值	最小值	平均值	最小值
9	170	150	140	130
12	210	190	180	170
15	260	240	220	210
18	320	290	270	250
21	380	340	320	290
25	440	390	370	330

（六）护面纸与石膏芯的粘结

板材的护面纸与石膏芯的粘结，优等品与一等品的石膏芯不应裸露；合格品的石膏芯裸露面积应不大于3.0 cm^2。

板材应符合GB 8624中的B1级建筑材料的要求；不带护面纸的石膏芯材应符合GB 8624中的A级建筑材料的要求。

（七）板材遇火稳定时间

板材遇火稳定时间应不小于下表规定。

min

优等品	一等品	合格品
30	25	20

三、标志、包装、运输、储存

（一）标志

在每张板材的背面应标明产品标记、质量等级、制造厂名和生产日期，并印有红色的色带标记。

(二)包装

产品应包装出厂,包装箱应标注防潮、轻放的标志。出厂产品应附有产品合格证。

(三)运输

应采用专用装卸工具对板材进行装卸。板材在运输过程中,应防止受潮和碰损。

(四)储存

板材的储存同 GB 9775。

吸声用穿孔石膏板(GB 11980—1989)

一、规格尺寸

边长规格为500 mm×500 mm和600 mm×600 mm;

厚度规格为9 mm和12 mm;

孔径、孔距与穿孔率见下表。

孔径 mm	孔距 mm	穿孔率 %	
		孔眼正方形排列	孔眼三角形排列
$\phi6$	18	8.7	10.1
	22	5.8	6.7
	24	4.9	5.7
$\phi8$	22	10.4	12.0
	24	8.7	10.1
$\phi10$	24	13.6	15.7

注:其他规格的板材可由供需双方商定,但其质量应符合本标准的要求。

二、基板与背覆材料

根据板材的基板不同和有无背覆材料，其分类及代号见下表。

基板与代号	背覆材料代号	板类代号
装饰石膏板 K	W(无);Y(有)	WK,YK
纸面石膏板 C		WC,YC

三、技术要求

(一)使用条件

吸声用穿孔石膏板主要用于室内吊顶和墙体的吸声结构中。在潮湿环境中使用或对耐火性能有较高要求时，则应采用相应的防潮、耐火或耐火基板。

(二)外观质量

吸声用穿孔石膏板不应有影响使用和装饰效果的缺陷，对以纸面石膏板为基板的板材不应有破损、划伤、污痕、凹凸、纸面剥落等缺陷；对以装饰石膏板为基板的板材不应有裂纹、污痕、气孔、缺角、色彩不均匀等缺陷。

穿孔应垂直于板面。棱边形状为直角型的板材，侧面应与板面成直角。

（三）板材的尺寸允许偏差

mm

项　目	优等品	一等品	合格品
边长	0 −2	+1 −2	
厚度	±0.5	±1.0	
不平度	1.0	2.0	3.0
直角偏离度	1.0	1.2	1.5
孔径	±0.5	±0.6	±0.7
孔距	±0.5	±0.6	±0.7

（四）板材的含水率

%

优等品		一等品		合格品	
平均值	最小值	平均值	最小值	平均值	最小值
2.0	2.5	2.5	3.0	3.0	3.5

(五)板材的断裂荷载

N

孔径－孔距 mm	厚度 mm	优等品		一等品		合格品	
		平均值	最小值	平均值	最小值	平均值	最小值
φ6～18 φ6～22 φ6～24	9	140	126	130	117	120	108
	12	160	144	150	135	140	126
φ8～22 φ8～24	9	100	90	90	81	80	72
	12	110	99	100	90	90	81
φ10～24	9	90	81	80	72	70	63
	12	100	90	90	81	80	72

注:以纸面石膏板为基板的板材,断裂荷载系指横向断裂荷载。

(六)护面纸与石膏芯的粘结

以纸面石膏板为基板的板材,护面纸与石膏芯的粘结按规定的方法测定时,不允许石膏芯裸露。

四、包装、标志、储存、运输

(一)包装

产品包装采用纸板箱,打包带不少于两条。

(二)标志

在包装箱上应标明产品标记、质量等级、制造厂名和生产日期等,并标注防潮、轻放的标志;包装箱内应附有质量合格证。

根据需要,由供方提供穿孔石膏板特定吸声结构的吸声频率特性图表,可参考 GB 11980—1989 附录 B(参考件),并注明组成吸声结构的材料和结构的详细情况。

(三)储存

应按品种、规格、型号及等级在室内分类放置板材。堆放高度不应超过 2 m,堆放场地应坚实、平整和干燥。

(四)运输

产品在运输过程中应竖放紧贴,避免造成撞击破损,并谨防受潮。

天然石材统一编号(GB/T 17670—1999)

一、编号原则

天然石材统一编号由一个英文字母和 4 位数字两部分组成。

第一部分	第二部分			
英文字母	数字	数字	数字	数字

第一部分

英文字母为花岗石、大理石、板石英文名称的首位大写字母,即:

1)花岗石(granite)——G;

2)大理石(marble)——M;

3)板石(slate)——S。

第二部分

4 位数字:

1)前两位数字为 GB/T 2260 规定的各省、自治区、直辖市行政区划代码;

2)后两位数字为各省、自治区、直辖市所编的石材品种序号。

二、名称与编号

(一)花岗石名称与编号

省、自治区、直辖市	名　称	编　号
北京市	白虎涧红	G1151
	密云桃花	G1152
	延庆青灰	G1153
	房山灰白	G1154
	房山瑞雪	G1156
河北省	平山龟板玉	G1301
	平山绿	G1302
	平山柏坡黄	G1303
	易县黑	G1304
	涿鹿樱花红	G1305
	承德燕山绿	G1306
山西省	北岳黑	G1401
	灵丘贵妃红	G1402
	恒山青	G1403
	广灵象牙黄	G1404

续　表

省、自治区、直辖市	名　称	编　号
山西省	灵丘太白青	G1405
	灵丘山杏花	G1406
	代县金梦	G1407
内蒙古自治区	白塔沟丰镇黑	G1510
	敖包黑	G1511
	喀旗黑金刚	G1512
	诺尔红	G1530
	阴山红	G1531
	凉城绿	G1550
辽宁省	凤城杜鹃红	G2101
	建平黑	G2102
	绥中芝麻白	G2103
	绥中白	G2104
	青山白	G2105
	绥中浅红	G2106

续 表

省、自治区、直辖市	名 称	编 号
辽宁省	绥中虎皮花	G2107
吉林省	吉林白	G2201
黑龙江省	楚山灰	G2301
浙江省	安吉红	G3301
	龙泉红	G3302
	龙川红	G3303
	温州红	G3304
	上虞菊花红	G3305
	上虞银花	G3306
	嵊州红玉	G3307
	嵊州樱花	G3308
	仕阳芝麻白	G3309
	三门雪花	G3310
	磐安紫檀香	G3311
	嵊州东方红	G3312

续 表

省、自治区、直辖市	名　称	编　号
浙江省	嵊州云花红	G3313
	嵊州墨玉	G3314
	司前一品红	G3315
	仕阳青	G3316
	安吉芙蓉花	G3317
安徽省	岳西黑	G3401
	岳西绿豹	G3402
	岳西豹眼	G3403
	皖西红	G3404
	金寨星彩兰	G3405
	天堂玉	G3406
	龙舒红	G3407
福建省	晋江巴厝白	G3503
	泉州白	G3506
	南安雪里梅	G3508

续　表

省、自治区、直辖市	名　称	编　号
福建省	龙海黄玫瑰	G3510
	康美黑	G3511
	漳浦青	G3512
	洪塘白	G3514
	晋江清透白	G3515
	肖厝白	G3516
	福鼎黑	G3518
	海沧白	G3523
	武夷红	G3528
	武夷兰冰花	G3529
	晋江陈山白	G3532
	晋江内厝白	G3533
	安溪红	G3535
	安海白	G3536
	大洋青	G3538

续　表

省、自治区、直辖市	名　称	编　号
福建省	南平青	G3539
	东石白	G3540
	漳浦红	G3548
	南平黑	G3553
	长乐、屏南芝麻黑	G3554
	同安白	G3555
	南平闽江红	G3559
	连城花	G3562
	罗源樱花红	G3563
	罗源紫罗兰	G3564
	罗源红	G3565
	连城红	G3566
	古田桃花红	G3567
	宁德丁香紫	G3568
	宁德金沙黄	G3569

续 表

省、自治区、直辖市	名称	编号
福建省	长乐红	G3575
	华安九龙壁	G3576
	浦城百丈青	G3577
	浦城牡丹红	G3578
	石井锈石	G3582
	光泽红	G3583
	光泽高源红	G3586
	光泽铁关红	G3587
	漳浦马头花	G3588
	光泽珍珠红	G3589
	永定红	G3596
	邵武青	G3599
江西省	贵溪仙人红	G3601
山东省	济南青	G3701
	崂山灰	G3706

续 表

省、自治区、直辖市	名 称	编 号
山东省	崂山红	G3709
	五莲豹皮花	G3742
	平邑将军红	G3752
	齐鲁红	G3754
	平度白	G3755
	莒南红	G3756
	三元花	G3757
	文登白	G3760
	泽山红	G3764
	莱州芝麻白	G3765
	莱州樱花红	G3767
	乳山青	G3770
	荣成靖海红	G3772
	荣成海龙红	G3773
	荣成人和红	G3775

续 表

省、自治区、直辖市	名 称	编 号
山东省	蒙山花	G3776
	蒙阴海浪花	G3777
	蒙阴粉红花	G3778
	招远珍珠花	G3783
	荣成京润红	G3784
	荣成佳润红	G3785
	石岛红	G3786
	龙须红	G3787
	平邑孔雀绿	G3791
河南省	淇县森林绿	G4101
	辉县金河花	G4102
湖北省	麻城彩云花	G4226
	麻城鸽血红	G4227
	麻城龙衣	G4228
	麻城平靖红	G4229

续 表

省、自治区、直辖市	名称	编号
湖北省	三峡红	G4251
	三峡绿	G4252
	宜昌黑白花	G4253
	宜昌芝麻绿	G4255
	西陵红	G4256
	通山九宫青	G4298
湖南省	衡阳黑白花	G4385
	怀化黑白花	G4386
	隆回大白花	G4387
	新邵黑白花	G4389
	郴县金钱花	G4391
	华容出水芙蓉	G4392
	华容黑白花	G4393
	汨罗芝麻花	G4394
	望城芝麻花	G4395

续 表

省、自治区、直辖市	名 称	编 号
湖南省	长沙黑白花	G4396
	桃江黑白花	G4397
	平江黑白花	G4398
	宜章莽山红	G4399
广东省	信宜星云黑	G4416
	信宜童子黑	G4417
	信宜海浪花	G4418
	信宜细麻花	G4419
	广宁墨蓝星	G4420
	广宁红彩麻	G4421
	广宁东方白麻	G4422
	普宁大白花	G4439
广西壮族自治区	岑溪红	G4562
	三堡红	G4563
	桂林红	G4572

续 表

省、自治区、直辖市	名 称	编 号
广西壮族自治区	桂林浅红	G4573
四川省	芦山红	G5101
	芦山忠华红	G5102
	三合红	G5103
	石棉红	G5104
	天全玫瑰红	G5106
	汉源巨星红	G5107
	芦山樱花红	G5108
	二郎山红	G5109
	新庙红	G5110
	荥经红	G5111
	川红	G5112
	四川红	G5113
	二郎山冰花红	G5114
	二郎山雪花红	G5115

续表

省、自治区、直辖市	名称	编号
四川省	二郎山川絮红	G5116
	二郎山杜鹃红	G5117
	雅州红	G5118
	黎州红	G5119
	黎州冰花红	G5120
	汉源三星红	G5121
	石棉樱花红	G5122
	宝兴红	G5123
	宝兴珍珠花	G5124
	芦山樱桃红	G5125
	芦山珍珠红	G5126
	宝兴翡翠绿	G5127
	天全邮政绿	G5128
	二郎山孔雀绿	G5129
	二郎山菊花绿	G5130

续 表

省、自治区、直辖市	名 称	编 号
四川省	宝兴绿	G5132
	宝兴墨晶	G5133
	宝兴黑冰花	G5134
	芦山墨冰花	G5135
	宝兴菜花黄	G5136
	石棉彩石花	G5137
	喜德枣红	G5138
	喜德玫瑰红	G5139
	冕宁红	G5140
	喜德紫罗兰	G5141
	攀西蓝	G5142
	航天青	G5143
	牦山黑	G5144
	冕宁黑冰花	G5145
	夹金花	G5146

续 表

省、自治区、直辖市	名 称	编 号
四川省	甘孜樱花白	G5147
	甘孜芝麻黑	G5148
	丹巴芝麻花	G5149
	旺苍隆丰红	G5150
	南江玛瑙红	G5151
	天府红	G5152
	泸定红	G5153
	泸定长征红	G5154
	加郡红	G5155
	泸定五彩石	G5156
	米易绿	G5157
	米易豹皮花	G5158
贵州省	罗甸绿	G5241
甘肃省	陇南芝麻白	G6201
	陇南青水红	G6202

续 表

省、自治区、直辖市	名 称	编 号
新疆维吾尔自治区	天山蓝	G6501
	哈密星星蓝	G6502
	哈密芝麻翠	G6503
	天山冰花	G6504
	天山绿	G6507
	双井红	G6508
	双井花	G6513
	天山红	G6520
	新疆红	G6521
	托里菊花黄	G6522
	托里雪花青	G6523
	托里红	G6524
	和硕红	G6530
	天山红梅	G6531
	鄯善红	G6540

（二）大理石名称与编号

省、自治区、直辖市	名　称	编　号
北京市	房山高庄汉白玉	M1101
	房山艾叶青	M1102
	房山黄山玉	M1103
	房山白	M1104
	房山砖渣	M1105
	房山次白玉	M1106
	房山桃红	M1107
	房山螺丝转	M1110
	延庆晶白玉	M1111
	房山芝麻白	M1112
	房山石窝汉白玉	M1113
	房山青白石	M1116
	房山银晶	M1130

续 表

省、自治区、直辖市	名　称	编　号
辽宁省	丹东绿	M2117
	铁岭红	M2119
江苏省	宜兴咖啡	M3252
	宜兴青奶油	M3258
	宜兴红奶油	M3259
浙江省	杭灰	M3301
山东省	莱州雪花白	M3711
湖北省	通山红筋红	M4280
	通山中米黄	M4286
	通山荷花绿	M4292
	通山黑白根	M4296
湖南省	慈利虎皮黄	M4372
	慈利荷花红	M4373

续 表

省、自治区、直辖市	名 称	编 号
湖南省	慈利荷花绿	M4374
	隆回山水画	M4375
	道县玛瑙红	M4376
	耒阳白	M4377
	芙蓉白	M4378
	邵阳黑	M4379
四川省	宝兴白	M5101
	石棉白	M5102
	宝兴青花灰	M5103
	宝兴青花白	M5104
	宝兴波浪花	M5105
	宝兴银杉红	M5106
	宝兴红	M5107

续 表

省、自治区、直辖市	名 称	编 号
四川省	蜀金白	M5108
	丹巴白	M5109
	丹巴水晶白	M5110
	丹巴青花	M5111
	宝兴大花绿	M5112
	彭州大花绿	M5113
贵州省	贵阳纹脂奶油	M5201
	贵阳水桃红	M5202
	遵义马蹄花	M5221
	贵州木纹米黄	M5231
	贵州平花米黄	M5232
	贵州金丝米黄	M5233
	紫云杨柳青	M5234

续 表

省、自治区、直辖市	名 称	编 号
贵州省	贵定红	M5241
	贞丰木纹石	M5251
	毕节晶墨玉	M5261
	毕节残雪	M5262
云南省	河口雪花白	M5306
	贡山白玉	M5322
	河口白玉	M5323
	元阳白晶玉	M5324
	云南白海棠	M5325
	云南米黄	M5326
陕西省	汉中雪花白	M6101
	陕西大花绿	M6102

(三)板石名称与编号

省、自治区、直辖市	名　称	编　号
北京市	霞云岭青板石	S1115
	霞云岭锈板石	S1118
河南省	林州银晶板	S4101
	林州白沙岩	S4102
湖南省	桃江灰	S4301
	凤凰黑	S4306
贵州省	安顺青板石	S5201
	纳雍黑板石	S5202

（四）花岗石原编号与现编号对照

省、自治区、直辖市	名　称	现编号	原编号
北京市	白虎涧红	G1151	G151
	房山瑞雪	G1156	G156
黑龙江省	楚山灰	G2301	G1716
浙江省	三门雪花	G3310	G273
福建省	晋江巴厝白	G3503	G603
	泉州白	G3506	G606
	南安雪里梅	G3508	G608
	康美黑	G3511	G611
	漳浦青	G3512	G612
	洪塘白	G3514	G614
	晋江清透白	G3515	G615
	肖厝白	G3516	AG98
	福鼎黑	G3518	G684

续　表

省、自治区、直辖市	名　称	现编号	原编号
福建省	海沧白	G3523	G623
	晋江陈山白	G3532	G632
	晋江内厝白	G3533	G633
	安溪红	G3535	G635
	东石白	G3540	G640
	漳浦红	G3548	G648
	长乐、屏南芝蔴黑	G3554	G654
	同安白	G3555	G655
	罗源樱桃红	G3563	G663
	罗源紫罗兰	G3564	G664
	罗源红	G3565	G665
	连城红	G3566	G666
	石井锈石	G3582	G682
	光泽红	G3583	G683

续 表

省、自治区、直辖市	名　称	现编号	原编号
福建省	漳浦马头花	G3588	G688
	永定红	G3596	G696
江西省	贵溪仙人红	G3601	GV8818
山东省	济南青	G3701	G301
	崂山灰	G3706	G306
	崂山红	G3709	G309
	平邑将军红	G3752	G352
	齐鲁红	G3754	G354
	平度白	G3755	G355
	文登白	G3760	G360
	泽山红	G3764	G364
	莱州芝麻白	G3765	G365
	莱州樱花红	G3767	G367
	乳山青	G3770	G370

续　表

省、自治区、直辖市	名　称	现编号	原编号
山东省	招远珍珠花	G3783	G383
	石岛红	G3786	G386
	龙须红	G3787	G387
	平邑孔雀绿	G3791	G391
广东省	信宜星云黑	G4416	G416
	信宜童子黑	G4417	G417
	信宜海浪花	G4418	G418
	信宜细麻花	G4419	G419
	广宁墨蓝星	G4420	G420
	广宁红彩麻	G4421	G421
	广宁东方白麻	G4422	G422
	普宁大白花	G4439	G439
广西壮族自治区	岑溪红	G4562	G562
甘肃省	陇南芝麻白	G6201	G2701

(五)大理石原编号与现编号对照

省、自治区、直辖市	名　称	现编号	原编号
北京市	房山高庄汉白玉	M1101	M101
	房山艾叶青	M1102	M102
	房山黄山玉	M1103	M125
	房山螺丝转	M1110	M110
	房山芝麻白	M1112	M112
	房山银晶	M1130	M130
辽宁省	丹东绿	M2117	M217
	铁岭红	M2119	M219
江苏省	宜兴咖啡	M3252	M052
	宜兴青奶油	M3258	M058
	宜兴红奶油	M3259	M059

续 表

省、自治区、直辖市	名 称	现编号	原编号
浙江省	杭灰	M3301	M0956
山东省	莱州雪花白	M3711	M311
贵州省	贵阳纹脂奶油	M5201	076
	毕节晶墨玉	M5261	078
	毕节残雪	M5262	075
云南省	河口雪花白	M5306	M706
	贡山白玉	M5322	M722
	河口白玉	M5323	M723
	元阳白晶玉	M5324	M724
	云南白海棠	M5325	M725
	云南米黄	M5326	M726

（六）板石原编号与现编号对照

省、自治区、直辖市	名　称	现编号	原编号
北京市	霞云岭青板石	S1115	P1015
	霞云岭锈板石	S1118	P1018

第三部分

阀门和五金

常用阀门

一、阀门的种类及用途

种类		主要用途
按压力分	按结构种类分	
压力≤16大气压者为低压阀 压力为25,40,64大气压者为中压阀 压力≥100大气压者为高压阀 压力超过1 000大气压者为超高压阀	旋塞、闸阀、截止阀、球阀	用于开启或关闭管道的介质流动
	止回阀(底阀)	用于自动防止管道内的介质倒流
	节流阀	用于调节管道介质的流量
	蝶阀	用于开启或关闭管道内的介质,也可作调节用
	安全阀	用于锅炉、容器设备及管道上。当介质压力超过规定数值时,能自动排除过剩介质压力,保证生产运行安全
	减压阀	用于自动降低管道及设备内的介质压力。当介质经过阀瓣的间隙时,产生阻力,造成压力损失,达到降压目的
	疏水器	用于蒸汽管道上,供自动排除冷凝水,防止蒸汽损失或泄漏之用

二、阀门产品型号编制方法

阀门产品型号由 6 个单元组成。产品型号的 6 个单元按下列顺序排列：

第一单元表明阀门类别

第二单元表明驱动方式

第三单元表明连接形式和结构形式

第四单元表明密封圈或衬里材料

第五单元表明公称压力

第六单元表明阀体材料

第一单元，“阀门类别”代号，用汉语拼音字母表示：

类别	闸阀	截止阀	节流阀	隔膜阀	球阀	旋塞	止回阀	蝶阀	疏水器	安全阀	减压阀
代号	Z	J	L	G	Q	X	H	D	S	A	Y

第二单元，“驱动方式”代号，用一位阿拉伯数字表示：

驱动方式	涡轮传动的机械驱动	正齿轮传动的机械驱动	伞齿轮传动的机械	气动驱动	液压驱动	电磁驱动	电动机驱动
代号	3	4	5	6	7	8	9

注：对于用手轮、手柄或扳手等直接传动的阀门或自动阀门，则省略本单元。

第三单元，“连接形式”和“结构形式”代号，用两位阿拉伯数字表示：

连结形式	内螺纹	外螺纹	法　兰	法　兰	法　兰	焊　接
代号	1	2	3	4	5	6

注：①法兰连接代号 3 仅用于双弹簧式安全阀。

②法兰连接代号 5 仅用于杠杆式安全阀。

③单弹簧安全阀及其他类别阀门系法兰连接时采用代号 4。

类别 \ 结构形式 \ 代号	1	2	3	4
闸阀	明标楔式单闸板	明杆楔式双闸板	—	明杆平行式双闸板
截止阀、节流阀	直通式(铸造)	角式(铸造)	直通式(锻造)	角式(锻造)
隔膜阀	直通式	角式	—	—
球阀	直通式(铸造)	—	直通式(锻造)	—
旋塞	直通式	调节式	直通填料式	三通填料式
止回阀	直通升降式(铸造)	立式升降式	直通升降式(锻造)	单瓣旋启式

5	6	7	8	9	0
暗杆楔式单闸板	暗杆楔式双闸板	—	暗杆平行式双闸板	—	—
直流式	—	—	无填料直通式	压力计用	—
直流式	—	—	—	—	—
—	—	—	—	—	—
四通填料式	—	油封式	三通油封式	液面指示器用	—
多瓣旋启式	—	—	—	—	—

类别 \ 结构形式 \ 代号	1	2	3	4
蝶阀	旋转偏心轴式	—	—	—
疏水器	—	—	—	—
减压阀	外弹簧薄膜式	内弹簧薄膜式	膜片活塞式	波纹管式
弹簧安全阀	封闭			
	微启式	全启式	带扳手微启式	带扳手全启式
杠杆式安全阀	单杠式		双杠式	
	微启式	全启式	微启式	全启式

5	6	7	8	9	0
—	—	—	—	—	杠杆式
钟形浮子式	—	—	脉冲式	热动力式	—
杠杆弹簧式	气垫薄膜式	—	—	—	—
—	—			—	带散热器
		带扳手微启式	带扳手全启式		全启式
—	—	—	—	—	—

第四单元,"密封圈或衬里材料"代号,用汉语拼音字母表示:

密封圈或衬里材料	铜合金	耐酸钢或不锈钢	渗氮钢	巴氏合金	硬质合金	铝合金	橡胶	硬橡胶	皮革	聚四氟乙烯	聚氯乙烯	酚醛塑料	尼龙	塑料	衬胶	衬铅	衬塑料	搪瓷
代号	T	H	D	B	Y	L	X	J	P	SA	SC	SD	NS	S	CJ	CQ	CS	TC

第五单元,"公称压力"代号,用公称压力数字直接表示,并用短横线与前四个单元隔开。

第六单元,"阀体材料"代号,用汉语拼音字母表示:

阀体材料	灰铸铁	可锻铸铁	球墨铸铁	硅铁	铜合金	铅合金	碳钢	铬钼合金钢	铬镍钛钢	铬镍钼钛钢	铬钼钒合金钢	铝合金
代号	Z	K	Q	G	T	B	C	I	P	R	V	L

注:对于 $P_g \leqslant 16\ \mathrm{kg/cm^2}$ 的灰铸铁阀门或 $P_g \geqslant 25\ \mathrm{kg/cm^2}$ 的碳钢阀门,则省略本单元。

排水(下水)铸铁管及管件

一、排水铸铁直管的规格及质量

公称口径 mm	壁　厚 mm	有效长度 mm	理论质量 kg/根	
			承插直管	双承直管
50	5	1 500	10.3	11.2
75	5	1 500	14.9	16.5
100	5	1 500	19.6	21.2
125	6	1 500	29.4	31.7
150	6	1 500	34.9	37.6
200	7	1 500	53.7	57.9

二、排水铸铁管件的规格及质量

(一)弯管(90°,45°)及弯曲形污水管的规格及质量

公称口径 mm	理论质量 kg/个		
	90°弯管	45°弯管	弯曲形污水管
50	2.5	2.0	—
75	3.6	2.9	4.6
100	5.1	4.0	6.1
125	8.5	6.0	9.6
150	9.9	7.7	11.3
200	16.8	13.5	17.3

（二）丁字管（三通）、十字管（四通）的规格及质量

公称口径 mm		理论质量 kg/个				
主管	支管	T形三通	90°三通	45°三通	Y形三通	正四通
50	50	3.6	3.8	3.9	5.1	5.1
75	50	4.6	4.7	5.1	5.4	5.7
75	75	5.1	6.4	5.7	7.7	7.7
100	50	6.0	6.9	6.3	6.3	7.3
100	75	6.5	7.9	7.3	7.3	8.1
100	100	7.3	9.3	8.3	10.7	11.0
125	50	8.7	10.3	9.5	9.5	9.9
125	75	9.2	10.8	10.2	10.2	10.7

续 表

公称口径 mm		理论质量 kg/个				
主管	支管	T形三通	90°三通	45°三通	Y形三通	正四通
125	100	10.2	11.7	10.7	10.7	12.4
125	125	11.0	14.8	12.9	17.1	16.6
150	50	10.7	12.9	11.9	11.9	11.8
150	75	11.1	13.6	12.4	12.4	12.6
150	100	11.6	14.4	13.2	13.2	13.6
150	125	12.5	16.5	14.8	14.8	15.4
150	150	13.5	18.8	17.2	21.8	20.2
200	200	23.2	29.4	27.5	36.0	34.3

(三)T 形瓶子口管、排水铸铁扫除口的规格及质量

T 形瓶子口管			排水铸铁扫除口	
公称口径 mm		理论质量 kg/个	公称口径 mm	理论质量 kg/个
主 管	支 管			
75	50	4.7	50	2.6
100	50	6.3	75	4.4
125	75	10.2	100	6.4
150	100	12.9	125	10.3
200	125	22.4	150	13.0

注:T 形瓶子口管有带扫除口和不带扫除口的两种。

(四)存水弯的规格及质量

公称口径 mm	理论质量 kg/个		公称口径 mm	理论质量 kg/个	
	存水弯	存水弯(N形)		丝口存水弯(S形)	丝口存水弯(P形)
50	4.1	4.6	32.5	3.5	2.4
75	6.6	7.4			
100	9.7	11.3			
125	16.4	20.0	50	5.0	

注:丝堵材料为普通灰铸铁,每个质量为0.10 kg。

(五)管箍的规格及质量

内　径 mm		理论质量 kg/个	内　径 mm		理论质量 kg/个
50	50	2.1	125	100	4.9
75	50	2.5	125	125	5.7
75	75	2.9	150	100	5.8
100	50	3.2	150	125	6.3
100	75	3.4	150	150	6.7
100	100	3.7	200	150	9.0
125	50	4.3	200	200	10.0
125	75	4.6			

一般用途圆钢钉的规格和理论质量(GB 349—1988)

钉长 mm	钉杆直径 mm			1 000 个约重 kg		
	重型	标准型	轻型	重型	标准型	轻型
10	1. 10	1. 00	0. 90	0. 079	0. 062	0. 045
13	1. 20	1. 10	1. 00	0. 120	0. 097	0. 080
16	1. 40	1. 20	1. 10	0. 207	0. 142	0. 119
20	1. 60	1. 40	1. 20	0. 324	0. 242	0. 177
25	1. 80	1. 60	1. 40	0. 511	0. 359	0. 302
30	2. 00	1. 80	1. 60	0. 758	0. 600	0. 473
35	2. 20	2. 00	1. 80	1. 060	0. 86	0. 70
40	2. 50	2. 20	2. 00	1. 560	1. 19	0. 99
45	2. 80	2. 50	2. 20	2. 220	1. 73	1. 34
50	3. 10	2. 80	2. 50	3. 020	2. 42	1. 92
60	3. 40	3. 10	2. 80	4. 350	3. 56	2. 90
70	3. 70	3. 40	3. 10	5. 936	5. 00	4. 15
80	4. 10	3. 70	3. 40	8. 298	6. 75	5. 71

续 表

钉长 mm	钉杆直径 mm			1 000 个约重 kg		
	重型	标准型	轻型	重型	标准型	轻型
90	4.50	4.10	3.70	11.30	9.35	7.63
100	5.00	4.50	4.10	15.50	12.5	10.4
110	5.50	5.00	4.50	20.87	17.0	13.7
130	6.00	5.50	5.00	29.07	24.3	20.0
150	6.50	6.00	5.50	39.42	33.3	28.0
175	—	6.50	6.00	—	45.7	38.9
200	—	—	6.50	—	—	52.1

注:圆钉长度的允许偏差应符合下表规定:

mm

圆钉长度	允许偏差
10~20	±0.8
>20~50	±1.2
>50~200	±1.5

圆钉英制规格表

钉长		1 000 个约重 kg	每千克大约个数	钉长		1 000 个约重 kg	每千克大约个数
in	mm			in	mm		
3/8	9. 52	0. 046	21 730. 0	2	50. 80	2. 370	422. 0
1/2	12. 70	0. 088	11 360. 0	$2\frac{1}{2}$	63. 50	3. 580	279. 0
5/8	15. 87	0. 152	6 580. 0	3	76. 20	5. 350	187. 0
3/4	19. 05	0. 250	4 000. 0	$3\frac{1}{2}$	88. 90	7. 630	131. 0
1	25. 4	0. 420	2 380. 0	4	101. 60	10. 820	92. 4
$1\frac{1}{4}$	31. 75	0. 650	1 540. 0	$4\frac{1}{2}$	114. 30	14. 490	69. 0
$1\frac{1}{2}$	38. 10	1. 030	971. 0	5	127. 00	20. 530	48. 7
$1\frac{3}{4}$	44. 45	1. 570	637. 0	6	152. 40	28. 93	34. 5

常用架空绞线的型号及用途

名　称	型　号	标准号	截面范围 mm²	主要用途
裸铝绞线	LJ	GB 1179—1974 “铝绞线及钢芯铝绞线”	10～600	供高低压架空输配电线路用
钢芯铝绞线	LGJ		10～400	供需提高拉力强度的架空输电线路用（按用户需要可生产防腐型适用于沿海及有腐蚀地区的 LGJF、LGJQF、LGJJF 防腐型钢芯铝绞线）
轻型钢芯铝绞线	LGJJ		150～700	
加强型钢芯铝绞线	LGJQ		150～400	

裸铝绞线(LJ型)

标称截面 mm^2	实际截面 mm^2	根数/直径 mm	计算直径 mm	参考质量 kg/km	拉断力 kg	制造长度 m
10	10.1	3/2.07	4.46	27.6	163	4 500
16	15.89	7/1.7	5.10	43.5	257	4 500
25	24.71	7/2.12	6.36	67.6	400	4 000
35	34.36	7/2.5	7.5	94.0	555	4 000
50	49.48	7/3.0	9.0	135	750	3 500
70	69.29	7/3.55	10.65	190	990	2 500
95	93.27	19/2.5	12.5	257	1 510	2 000
95(1)	94.23	7/4.14	12.42	258	1 340	2 000
120	116.99	19/2.8	14.00	323	1 780	1 500

续　表

标称截面 mm^2	实际截面 mm^2	根数/直径 mm	计算直径 mm	参考质量 kg/km	拉断力 kg	制造长度 m
150	148.07	19/3.15	15.75	409	2 250	1 250
185	182.8	19/3.5	17.5	504	2 780	1 000
240	236.38	19/3.98	19.9	652	3 370	1 000
300	297.57	37/3.2	22.4	822	4 520	1 000
400	397.83	37/3.7	25.9	1 099	5 670	800
500	498.07	37/4.14	28.98	1 376	7 100	600
600	603.78	61/3.55	31.95	1 669	8 150	500

钢芯铝绞线(LGJ 型)

标称截面 mm²	结构尺寸(导线根数/线径) mm		电线外径 mm	参考质量 kg/km	拉断力 kg	制造长度 m
	铝	钢				
10	6/1. 5	1/1. 5	4. 5	42. 9	367	1 500
16	6/1. 8	1/1. 8	5. 4	61. 7	530	1 500
25	6/2. 2	1/2. 2	6. 6	92. 2	790	1 500
35	6/2. 8	1/2. 8	8. 4	149	1 190	1 000
50	6/3. 2	1/3. 2	9. 6	195	1 550	1 000
70	6/3. 8	1/3. 8	11. 4	275	2 130	1 000
95	28/2. 07	7/1. 8	13. 68	401	3 490	1 500
95(1)	7/4. 14	7/1. 8	13. 68	398	3 310	1 500
120	28/2. 3	7/2. 0	15. 2	495	4 310	1 500
120(1)	7/4. 6	7/2. 0	15. 2	492	4 090	1 500
150	28/2. 53	7/2. 2	16. 72	599	5 080	1 500
185	28/2. 88	7/2. 5	19. 02	774	6 570	1 500
240	28/3. 22	7/2. 8	21. 28	969	7 860	1 500
300	28/3. 8	19/2. 0	25. 2	1 348	11 120	1 000
400	28/4. 17	19/2. 2	27. 68	1 626	13 430	1 000

轻型钢芯铝绞线(LGJQ 型)

标称截面 mm²	结构尺寸(导线根数/线径) mm		电线外径 mm	参考质量 kg/km	拉断力 kg	制造长度 m
	铝	钢				
150	24/2.76	7/1.8	16.44	537	4 150	1 500
185	24/3.06	7/2.0	18.24	661	5 110	1 500
240	24/3.67	7/2.4	21.88	951	7 120	1 500
300	54/2.65	7/2.6	23.7	1 116	8 630	1 000
300(1)	24/3.98	7/2.6	23.72	1 117	8 360	1 000
400	54/3.06	7/3.0	27.36	1 487	11 080	1 000
400(1)	24/4.60	7/3.0	27.4	1 491	10 730	1 000
500	54/3.36	19/2.0	30.16	1 795	13 870	1 000
600	54/3.70	19/2.2	33.2	2 175	16 250	1 000
700	54/4.04	19/2.4	36.24	2 592	19 360	1 000

加强型钢芯铝绞线(LGJJ 型)

标称截面 mm^2	结构尺寸(导线根数/线径) mm		电线外径 mm	参考质量 kg/km	拉断力 kg	制造长度 m
	铝	钢				
150	30/2.5	7/2.5	17.5	677	6 170	1 500
185	30/2.8	7/2.8	19.6	850	7 200	1 500
240	30/3.2	7/3.2	22.4	1 110	9 410	1 500
300	30/3.67	19/2.2	25.68	1 446	12 500	1 000
400	30/4.17	19/2.5	29.18	1 868	16 140	1 000

第四部分

常 用 资 料

建筑工程主要材料用量参考指标

一、民用建筑(不含室外工程)

工程名称	结构类别	每平方米材料消耗			
		钢材 kg	水泥 kg	木材 m^3	砖块
多层住宅	砖混	20~22	135~145	0.04~0.05	245~255
多层住宅	内浇外砌	26~27	175~185	0.04~0.05	125~135
多层住宅	全装配	32~33	225~235	0.04~0.05	40~45
多层住宅	灌注桩基础	(+)1~2	(+)20~25		(-)25~30
多层住宅	预制桩基础	(+)6~7	(+)15~20		(-)25~30
多层住宅	满堂基础	(+)3~4	(+)10~15		(-)25~30
高层住宅	内浇外挂	44~49	215~225	0.03~0.04	10~20
高层住宅	框架	39~44	205~215	0.04~0.05	10~20
高层住宅	滑升	49~54	215~225	0.04~0.05	10~20
高层住宅	全装配	60~65	220~230	0.03~0.04	10~20
多层单宿	砖混	18~20	120~130	0.04~0.05	240~250
托幼	砖混	18~20	140~150	0.04~0.05	280~290
中小学	砖混	20~23	150~160	0.04~0.05	240~250

续 表

工程名称	结构类别	每平方米材料消耗			
		钢 材 kg	水 泥 kg	木 材 m^3	砖 块
教学楼	砖混	23 ~ 26	160 ~ 170	0.04 ~ 0.05	250 ~ 260
教学楼	框架	45 ~ 50	210 ~ 230	0.04 ~ 0.05	10 ~ 20
图书馆	框架	40 ~ 50	210 ~ 230	0.05 ~ 0.06	50 ~ 70
办公楼	砖混	25 ~ 27	160 ~ 170	0.04 ~ 0.05	270 ~ 280
办公楼	框架（15 层以下）	55 ~ 65	210 ~ 220	0.05 ~ 0.06	10 ~ 20
办公楼	框架（16 ~ 20 层）	65 ~ 80	230 ~ 250	0.07 ~ 0.08	10 ~ 15
办公楼	框架（21 ~ 25 层）	80 ~ 95	260 ~ 280	0.08 ~ 0.09	5 ~ 10
办公楼	框架（26 ~ 30 层）	95 ~ 100	280 ~ 300	0.10 ~ 0.12	5 ~ 10
实验楼	砖混	27 ~ 30	170 ~ 180	0.05 ~ 0.06	260 ~ 270
实验楼	框架	50 ~ 55	220 ~ 240	0.06 ~ 0.07	10 ~ 20

续 表

工程名称	结构类别	每平方米材料消耗			
		钢 材 kg	水 泥 kg	木 材 m^3	砖 块
食堂	砖混	20～24	170～180	0.04～0.05	280～290
计算机房	砖混	20～22	190～200	0.06～0.07	280～290
医院	砖混	25～26	240～260	0.05～0.06	300～320
医院	框架	55～60	260～270	0.08～0.09	15～20
冷库	框架	85～90	320～340	0.03～0.04	
商业楼	砖混	26～28	160～180	0.05～0.06	220～240
商业楼	框架	50～55	230～250	0.06～0.07	15～20
书店	砖混	26～30	210～220	0.05～0.06	250～260
书库	砖混	28～30	150～160	0.04～0.05	120～130
邮局	砖混	20～22	180～190	0.04～0.05	280～300
商店	砖混	18～20	180～190	0.04～0.05	270～280
旅馆	砖混	22～24	150～160	0.04～0.05	220～230
旅馆	框架	60～65	220～240	0.08～0.09	20～30
高层饭店	框架	85～95	270～300	0.09～0.10	10～15

续 表

工程名称	结构类别	每平方米材料消耗			
		钢 材 kg	水 泥 kg	木 材 m^3	砖 块
浴池	砖混	24 ~ 26	150 ~ 170	0.04 ~ 0.05	280 ~ 300
淋浴室	砖混	20 ~ 22	150 ~ 160	0.04 ~ 0.05	280 ~ 300
外交公寓	砖混	25 ~ 28	170 ~ 190	0.07 ~ 0.08	240 ~ 260
外交公寓	高层大模	40 ~ 45	220 ~ 230	0.08 ~ 0.09	15 ~ 20
小型使馆	砖混	30 ~ 35	250 ~ 280	0.10 ~ 0.12	300 ~ 320
礼堂		40 ~ 45	180 ~ 200	0.10 ~ 0.12	180 ~ 190
剧场		45 ~ 50	200 ~ 220	0.11 ~ 0.13	160 ~ 180
电影院		40 ~ 45	180 ~ 200	0.08 ~ 0.09	180 ~ 190
排演场		30 ~ 35	160 ~ 180	0.07 ~ 0.08	300 ~ 310
一般体育馆		55 ~ 65	220 ~ 240	0.08 ~ 0.09	160 ~ 180
游泳馆		35 ~ 45	230 ~ 250	0.10 ~ 0.12	180 ~ 200
展览馆		45 ~ 50	280 ~ 300	0.10 ~ 0.11	150 ~ 160
俱乐部		35 ~ 40	170 ~ 180	0.07 ~ 0.08	160 ~ 170
洗衣房		14 ~ 16	100 ~ 120	0.04 ~ 0.05	280 ~ 300

续 表

工程名称	结构类别	每平方米材料消耗			
		钢 材 kg	水 泥 kg	木 材 m^3	砖 块
汽车库		16~20	160~180	0.03~0.04	240~250
一般仓库		15~18	120~140	0.03~0.04	160~180
多层仓库		30~35	180~190	0.04~0.05	60~80
锅炉房		18~20	170~190	0.03~0.04	400~500
变电室		16~18	180~190	0.04~0.05	350~400
热力点		20~22	190~200	0.03~0.04	240~260
水泵房		10~12	110~120	0.02~0.03	320~350
深水泵房		25~28	170~180	0.07~0.08	650~700
加油站		55~60	300~320	0.09~0.10	500~600
汽车过磅房		15~18	140~160	0.04~0.05	350~400
五级人防	钢筋混凝土墙及顶板	140~150	530~540	0.13~0.14	10~15
五级人防	砖墙和钢筋混凝土顶板	40~45	260~270	0.06~0.07	440~450

二、一般工业建筑(不含室外工程)

工程名称	结构类别	每平方米材料消耗		
		钢 材 kg	水 泥 kg	木 材 m^3
铸工车间	吊车 20 t 以内	45 ~ 50	200 ~ 220	0.04 ~ 0.05
铸钢车间	吊车 30 t 以内	55 ~ 60	140 ~ 150	0.06 ~ 0.07
铸钢车间	吊车 75 t 以内	75 ~ 80	150 ~ 160	0.07 ~ 0.08
铸铁车间	吊车 30 t 以内	50 ~ 55	140 ~ 150	0.06 ~ 0.07
锻工车间	吊车 20 t 以内	45 ~ 55	180 ~ 200	0.05 ~ 0.06
机加工装配车间	吊车 10 t 以内	40 ~ 45	180 ~ 200	0.05 ~ 0.06
金工车间	吊车 30 t 以内	40 ~ 45	180 ~ 200	0.05 ~ 0.06
金工车间	吊车 10 t 以内	30 ~ 35	150 ~ 160	0.04 ~ 0.05
冲压冷轧车间	吊车 15 t 以内	35 ~ 40	170 ~ 190	0.05 ~ 0.06
汽车保养车间	吊车 15 t 以内	35 ~ 45	180 ~ 200	0.05 ~ 0.06
热处理车间	吊车 15 t 以内	40 ~ 45	140 ~ 1.50	0.05 ~ 0.06
热处理车间	吊车 30 t 以内	55 ~ 60	150 ~ 160	0.06 ~ 0.07
机修车间	吊车 10 t 以内	35 ~ 45	160 ~ 170	0.05 ~ 0.06

续　表

工程名称	结构类别	每平方米材料消耗		
		钢　材 kg	水　泥 kg	木　材 m^3
焊接车间	吊车 20 t 以内	45~50	160~170	0.05~0.06
电镀车间		35~45	150~160	0.04~0.05
仪表车间		30~35	150~160	0.05~0.06
烤漆车间		35~40	180~200	0.04~0.05
木工车间		20~25	120~140	0.04~0.05
纺织车间	框架	40~45	170~190	0.06~0.07
印染车间	框架	65~70	320~340	0.08~0.09
印刷车间	框架	45~50	220~240	0.06~0.07
服装加工车间		25~30	160~180	0.05~0.06
食品加工车间	框架	45~50	220~240	0.05~0.06
化工多层车间		35~40	180~200	0.06~0.07
轻工业车间	砖混	20~25	130~140	0.04~0.05
轻工业车间	框架	40~45	170~180	0.05~0.06

三、门窗备料指标

(一)钢门窗备料指标(门窗面积)

kg

项　目	每平方米钢材消耗	备　注
空腹钢窗　单玻	17～20	
空腹钢窗　纱扇	11～13	
空腹钢门	25～28	
空腹钢门　纱扇	11～13	
实腹钢窗　单玻	25～28	
实腹钢窗　纱扇	7～9	
实腹钢门	35～38	
实腹钢门　纱扇	15～18	

(二)铝合金门窗备料指标

门窗型	基本尺寸 m^2	每平方米铝材消耗 kg
固定窗 BL38G	>1.44	3.5~4.0
平开窗 BL38P	>0.80	8.6~9.0
固定窗 BL45G	>2.25	4.0~4.5
平开窗 BL45P	>1.28	10.7~11.2
内倾内开窗 BL45QK	>1.28	10.7~11.2
平开门 BL45PM	>2	9.0~9.5
自由门 BL45LM	>1.96	9.0~9.5
自动门 BL45EML	>8.80	9.0~9.5
自由门 BL50LM	>4.40	6.8~7.2
固定窗 BL55G	>2.25	7.0~7.5
平开门 BL55PM	>2	11.0~11.5
自由门 BL55LM	>4.40	12.6~13.0

续 表

门窗型	基本尺寸 m^2	每平方米铝材消耗 kg
平开窗 BL55P	>2	9.0~9.5
推拉窗 BL70T	>2.25	5.7~6.0
推拉窗 BL90T	>2.88	6.2~6.5
推拉门 BL90TM	>3	6.3~6.5
固定幕墙 BLMQ	>2.25	6.5~7.0

（三）木门备料指标（门框外围面积）

m^3

项　目	每平方米木材消耗
纤维板门	0.033~0.038
镶板门	0.035~0.040
半玻门	0.039~0.044
自由门	0.040~0.045
拼板门	0.049~0.054
推拉门	0.045~0.050

（四）钢框木门备料指标（门框外围面积）

项　目	每平方米钢材消耗 kg	每平方米木材消耗 m^3
纤维板门	5.0～5.5	0.013～0.015
半玻门	5.5～6.0	0.014～0.015
壁橱门	5.5～6.5	0.012～0.015

（五）木窗备料指标（窗框外围面积）

m^3

项　目	每平方米木材消耗
单玻窗	0.030～0.035
一玻一纱窗	0.043～0.048
双玻窗	0.045～0.050
橱窗	0.046～0.051
天窗	0.036～0.041
百叶窗	0.042～0.047
中悬窗	0.029～0.034

(六)木门窗、模板成材折合原木计算办法

1. 门窗

中级门窗　松木 1 m^3 成材 = 2.5 m^3 原木

中级门窗　硬木 1 m^3 成材 = 3.5 m^3 原木

高级门窗　松木 1 m^3 成材 = 5.0 m^3 原木

高级门窗　硬木 1 m^3 成材 = 7.0 m^3 原木

2. 模板

松木 1 m^3 成材 = 1.515 m^3 原木

绑扎 1 t 钢筋需铁丝数量(参考)

钢筋直径 mm	铁丝直径 mm	绑扎 1 t 钢筋 估计铁丝用量 kg
$\phi6 \sim 8$	0.70～0.90	8.0
$\phi9 \sim 14$	0.70～0.90	6.0
$\phi16 \sim 38$	0.70～0.90	5.0

焊接 1 t 金属结构所需焊条、电力消耗指标

材料名称或电力种类	单　位	焊接 1 t 金属结构所需数量
焊条	kg	20
用交流电焊机时电力	kW · h	90
用直流电焊机时电力	kW · h	125

材料运输及保管损耗定额

%

名　称	场外运输损耗	仓库及工地保管损耗	合计	名　称	场外运输损耗	仓库及工地保管损耗	合计
普通砖	2.0	0.5	2.5	水泥平瓦	1.5	0.5	2.0
空心砖	2.0	0.5	2.5	石棉水泥瓦	0.5		0.5
缸砖	0.5		0.5	砂		3.0	3.0
水泥花砖	0.5	0.5	1.0	熟白灰	1.5	1.0	2.5
磁砖	0.3		0.3	白云灰	0.3	0.1	0.4
面砖	0.5		0.5	白石子	0.5		0.5
黏土平瓦	2.0	0.5	2.5	石屑		0.1	0.1

续 表 %

名称	场外运输损耗	仓库及工地保管损耗	合计	名称	场外运输损耗	仓库及工地保管损耗	合计
水泥	0.3	0.1	0.4	黏土瓦管	1.0	1.0	2.0
平板玻璃	0.4	0.1	0.5	混凝土管	0.5		0.5
石膏	0.3	0.1	0.4	烧碱	3.0	2.0	5.0
耐火砖	0.5		0.5	电石	3.0	2.0	5.0
耐火土	0.3	0.2	0.5	玻璃灯罩	0.5	0.5	1.0
陶土管	0.5		0.5	磁管	1.0	1.0	2.0

标准筛常用网号、目数对照表

网号 (号)	目数 (目)	网号 (号)	目数 (目)
2. 5	8	0. 4	45
2. 0	10	0. 355	50
1. 6	12	0. 315	55
1. 25	16	0. 28	60
1. 0	18	0. 25	65
0. 9	20	0. 224	70
0. 8	24	0. 20	75
0. 7	26	0. 18	80
0. 63	28	0. 16	90
0. 56	32	0. 154	100
0. 5	35	0. 14	110
0. 45	40	0. 125	120

续表

网号（号）	目数（目）	说明
0.112	130	网号系指筛网的公称尺寸。例如:1.0 号网,即指正方形网孔每边长 1.0 mm。目数系指 1 in 长度上的孔眼数目。例如:1 in(25.4 mm)长度上有 20 个孔眼,就叫 20 目。一般英、美各国用目数表示,苏联/俄罗斯用网号表示
0.10	150	
0.09	160	
0.08	190	
0.071	200	
0.063	240	
0.056	260	
0.05	300	
0.045	320	
0.04	360	

常用公制长度单位表

单位名称	旧名称	符号	对主单位的比
微米	公微	μm	0.000 001 米
毫米	公厘	mm	0.001 米
厘米	公分	cm	0.01 米
分米	公寸	dm	0.1 米
米	公尺	m	主单位
千米(公里)	公里	km	1 000 米

常用米、英制长度单位换算表

米 m	厘　米 cm	毫　米 mm	英　尺 ft	英　寸 in
1	100	1 000	3. 280 84	39. 370 1
0. 01	1	10	0. 032 81	0. 393 7
0. 001	0. 1	1	0. 003 281	0. 039 37
0. 304 8	30. 48	304. 8	1	12
0. 025 4	2. 54	25. 4	0. 083 33	1

公制面积单位表

单位名称	旧名称	符号	对主单位的比
平方米(米²)	平方公尺	m^2	主单位
平方厘米(厘米²)	平方公分	cm^2	0.000 1 平方米
平方毫米(毫米²)	平方公厘	mm^2	0.000 001 平方米
公顷	公顷	hm^2	10 000 平方米
公亩	公亩	a	100 平方米

注:公顷的国际通用符号为 ha。

面积单位换算表

平方米	平方厘米	平方毫米	平方英尺	平方英寸
1	10 000	1 000 000	10.703 9	1 550
0.000 1	1	100	0.001 076	0.155
0.000 001	0.01	1	0.000 011	0.001 55
0.092 903	929.03	92 903	1	144
0.000 645	6.451 6	645.16	0.006 944	1

续 表

公 顷	公 亩	英 亩
1	100	2. 471 05
0. 01	1	0. 024 71
0. 404 686	40. 468 6	1

公制体积单位表

单位名称	旧名称	符 号	对主单位的比
毫升	公撮	mL(ml)	0. 001 升
升	公升	L(l)	主单位

公制质量单位表

单位名称	旧名称	符 号	对主单位的比
毫克	公丝	mg	0. 000 001 千克
克	公分	g	0. 001 千克
千克(公斤)	千克,公斤	kg	主单位
吨	公吨	t	1 000 千克

常用线规号英制尺寸与公制尺寸对照表

线规号	SWG[1)]		BWG[2)]		AWG[3)]	
	in	mm	in	mm	in	mm
3	0. 252	6. 401	0. 259	6. 58	0. 229 4	5. 83
4	0. 232	5. 893	0. 238	6. 05	0. 204 3	5. 19
5	0. 212	5. 385	0. 220	5. 59	0. 181 9	4. 62
6	0. 192	4. 877	0. 203	5. 16	0. 162 0	4. 11
7	0. 176	4. 470	0. 180	4. 57	0. 144 3	3. 67
8	0. 160	4. 064	0. 165	4. 19	0. 128 5	3. 26
9	0. 144	3. 658	0. 148	3. 76	0. 114 4	2. 91
10	0. 128	3. 251	0. 134	3. 40	0. 101 9	2. 59
11	0. 116	2. 946	0. 120	3. 05	0. 090 74	2. 30
12	0. 104	2. 642	0. 109	2. 77	0. 080 81	2. 05
13	0. 092	2. 337	0. 095	2. 41	0. 071 96	1. 83
14	0. 080	2. 032	0. 083	2. 11	0. 064 08	1. 63

续 表

线规号	SWG1)		BWG2)		AWG3)	
	in	mm	in	mm	in	mm
15	0.072	1.829	0.072	1.83	0.057 07	1.45
16	0.064	1.626	0.065	1.65	0.050 82	1.29
17	0.056	1.422	0.058	1.47	0.045 26	1.15
18	0.048	1.219	0.049	1.24	0.040 30	1.02
19	0.040	1.016	0.042	1.07	0.035 89	0.91
20	0.036	0.914	0.035	0.89	0.031 96	0.812
21	0.032	0.813	0.032	0.81	0.028 46	0.723
22	0.028	0.711	0.028	0.71	0.025 35	0.644
23	0.024	0.610	0.025	0.64	0.022 57	0.573
24	0.022	0.559	0.022	0.56	0.020 10	0.511
25	0.020	0.508	0.020	0.51	0.017 90	0.455
26	0.018	0.457	0.018	0.46	0.015 94	0.405

续 表

线规号	SWG[1]		BWG[2]		AWG[3]	
	in	mm	in	mm	in	mm
27	0.016 4	0.416 6	0.016	0.41	0.014 20	0.361
28	0.014 8	0.375 9	0.014	0.36	0.012 64	0.321
29	0.013 6	0.345 4	0.013	0.33	0.011 26	0.286
30	0.012 4	0.315 0	0.012	0.30	0.010 03	0.255
31	0.011 6	0.294 6	0.010	0.25	0.008 928	0.227
32	0.010 8	0.274 3	0.009	0.23	0.007 950	0.202
33	0.010 0	0.254 0	0.008	0.20	0.007 080	0.180
34	0.009 2	0.233 7	0.007	0.18	0.006 304	0.160
35	0.008 4	0.213 4	0.005	0.13	0.005 615	0.143
36	0.007 6	0.193 0	0.004	0.10	0.005 000	0.127

1)SWG 为英国线规代号。

2)BWG 为伯明翰线规代号。

3)AWG 为美国线规代号。

常用材料密度表

g/cm³

材料名称	密度	材料名称	密度
灰口铸铁	6.6～7.4	铅板	11.37
白口铸铁	7.3～7.6	锡	7.3～7.5
可锻铸铁	7.2～7.4	红松	0.437
钢材	7.85	兴安落叶松	0.625
铸钢	7.8	长白落叶松	0.594
紫铜材	8.9	杉木	0.376
96 黄铜	8.85	水曲柳	0.686
90 黄铜	8.8	胶合板	0.56
85 黄铜	8.75	刨花板	0.4
80 黄铜	8.65	竹材	0.9
铝板	2.73	生石灰	1.1
锌板	7.2	熟石灰	1.2

续 表

g/cm^3

材料名称	密 度	材料名称	密 度
水泥	1.2	砂岩	2.2~2.5
机制黏土砖	1.9	石英	2.5~2.8
钢筋混凝土	2.4~2.5	金刚石	3.5~3.6
平胶板	1.6~1.8	金刚砂	4.0
石棉板	1.3~1.4	陶瓷	2.3~2.45
平板玻璃	2.5	电石	2.22
有机玻璃	1.19	泡沫塑料	0.20
聚氯乙烯板	1.35~1.60		
石膏	2.3~2.4		
大理石	2.6~2.7		
花岗石	2.6~3.0		
石灰石	2.6~2.8		

英寸和毫米换算表

英寸	习惯称呼	毫米	英寸	习惯称呼	毫米
1/16	半分	1.587 5	9/16	四分半	14.287 5
1/8	一分	3.175 0	5/8	五分	15.875 0
3/16	一分半	4.762 5	11/16	五分半	17.462 5
1/4	二分	6.350 0	3/4	六分	19.050 0
5/16	二分半	7.937 5	13/16	六分半	20.637 5
3/8	三分	9.525 0	7/8	七分	22.225 0
7/16	三分半	11.112 5	15/16	七分半	23.812 5
1/2	四分	12.700 0	1	一英寸	25.400 0

建筑工程中常用的法定计量单位

一、常用的国际单位制基本单位

量的名称	单位名称	符　号
长度	米	m
质量	千克(公斤)	kg
时间	秒	s
热力学温度	开〔尔文〕	K

二、国际单位制辅助单位

量的名称	单位名称	符　号
〔平面〕角	弧度	rad
立体角	球面度	sr

三、常用的我国法定计量单位

量的名称	单位名称	符　号	换算关系
时间	分	min	1 min = 60 s
	〔小〕时	h	1 h = 60 min = 3 600 s
	天,(日)	d	1 d = 24 h = 86 400 s
质量	吨	t	1 t = 10^3 kg
体积	升	L(l)	1 L = 1 dm^3 = 10^{-3} m^3

四、常用的组合形式的单位

量的名称	单位名称	符号
面积	平方米	m^2
体积	立方米	m^3
面积矩、抵抗矩	三次方米	m^3
惯性矩	四次方米	m^4
速度	米每秒	m/s
密度	千克每立方米	kg/m^3
动量	千克米每秒	kg·m/s
线分布力	牛顿每米	N/m
面分布力	牛顿每平方米	N/m^2
力矩、弯矩、扭矩	牛顿米	N·m

五、习用的非法定计量单位与法定计量单位的换算关系

量的名称	非法定计量单位		法定计量单位		单位换算关系
	名称	符号	名称	符号	
力、重力	千克力 吨力	kgf tf	牛顿 千牛顿	N kN	1 kgf = 9. 806 65 N 1 tf = 9. 806 65 kN
线分布力	千克力每米 吨力每米	kgf/m tf/m	牛顿每米 千牛顿每米	N/m kN/m	1 kgf/m = 9. 806 65 N/m 1 tf/m = 9. 806 65 kN/m
力矩、弯矩、扭矩	千克力米 吨力米	kgf · m tf · m	牛顿米 千牛顿米	N · m kN · m	1 kgf · m = 9. 806 65 N · m 1 tf · m = 9. 806 65 kN · m
应力、材料强度	千克力每平方毫米 千克力每平方厘米 吨力每平方米	kgf/mm^2 kgf/cm^2 tf/m^2	兆帕斯卡 兆帕斯卡 千帕斯卡	MPa MPa kPa	$1\ kgf/mm^2 = 9.806\ 65\ MPa$ $1\ kgf/cm^2 = 0.098\ 066\ 5\ MPa$ $1\ tf/m^2 = 9.806\ 65\ kPa$
弹性模量、剪变模量、变形模量	千克力每平方厘米	kgf/cm^2	兆帕斯卡	MPa	$1\ kgf/cm^2 = 0.098\ 066\ 5\ MPa$

部分应淘汰的计量单位与符号

一、长度

单位名称	符　号	用法定计量单位表示的形式或值
公尺	M	m(米)
公寸		0.1 m
公分		cm(厘米)
公厘		mm(毫米)
公丝		0.1 mm
公微	μ,μM,mμ	μm(微米)
米厘		cm
丝米	dmm	0.1 mm
忽米	cmm	0.01 mm
毫微米	mμm	nm(纳米)
	MM,M/M,	mm
	m/m	mm
	KM,KMS	km(千米,公里)

续 表

单位名称	符 号	用法定计量单位表示的形式或值
浬、海浬		海里
英里,哩	mile	$1.609\ 344 \times 10^{3}$ m
英海里		$1.853\ 184 \times 10^{3}$ m
码	yd	9.144×10^{-1} m
杆		5.029 2 m
英尺,呎	ft	30.48 cm
英寸,吋	in	25.4 mm
浪		201.168 m
英寻,嘚,浔		1.828 8 m

二、面积

单位名称	符号	用法定计量单位表示的形式或值
平方英里	$mile^2$	2.589 988 1 km^2（平方千米）
嗽（英亩）	acre	4 046.86 m^2（平方米）
路得		1 011.71 m^2
平方英尺	ft^2	0.092 903 m^2
平方英寸	in^2	6.452 cm^2（平方厘米）
平方码	yd^2	0.836 127 m^2
平方令	li^2	404.686 cm^2
圆密耳		506.7 μm^2（平方微米）
靶恩	b	1×10^{-28} m^2
平方杆		25.292 9 m^2
平方链		404.686 m^2
圆毫米		0.785 398 mm^2（平方毫米）
平米		m^2

三、体积，容积

单位名称	符　号	用法定计量单位表示的形式或值
立方码	yd^3	0.764 6 m^3（立方米）
立方英寸	in^3	16.39 cm^3（立方厘米）
立方英尺	ft^3	28.32 L（升）
加仑（美）	gal（US）	3.785 L
加仑（英）	gal（UK）	4.546 L
夸脱		1.137 L
品脱	pt	5.683 dL（分升）
及尔	gill	1.421 dL
液盎司（英）	floz	2.841 cL（厘升）
液打兰	fldr	3.552 mL（毫升）
美石油桶		158.99 L
立升		1 L
公升		1 L
西西	cc，c. c.	1 cm^3 或 1 mL

四、质量(在人民生活和贸易中,质量习惯称为重量)

单位名称	符号	用法定计量单位表示的形式或值
公吨、米制吨	T	1 t(吨)=1 000 kg(千克,公斤)
	Kg, kgm, kilog, KG, KGS	kg
公两		100 g(克)
公钱		10 g
磅	1b	0.453 6 kg
英吨(长吨)	ton	101 6 kg
美吨(短吨)	shton	907 kg
盎司(常衡)	oz	28.349 5 g
盎司(脱来盎司,金衡盎司)		31.103 5 g
道尔登(Dalton)		1 u(原子质量单位)$\approx 1.66\times10^{-27}$ kg

五、压力(压强),应力

单位名称	符　号	用法定计量单位表示的形式或值
巴	b	0.1 MPa(兆帕) = 10^5 Pa(帕)
托	Torr	133.322 Pa
标准大气压	atm	101.325 kPa(千帕)
工程大气压	at	98.066 5 kPa
达因每平方厘米	dyn/cm^2	0.1 Pa
毫米水柱	mmH_2O	9.806 65 Pa
毫米汞柱	mmHg	133.322 Pa
磅力每平方英寸	psi	6.894 7 × 10^3 Pa
千克力每平方米	kgf/m^2	9.806 65 Pa

六、力，重力

单位名称	符　号	用法定计量单位表示的形式或值
达因	dyn	$1\ g \cdot cm/s^2 = 10^{-5}$ N(牛)
斯钦	sn	$1\ t \cdot m/s^2 = 10^3$ N
千克力	kgf	9.806 65 N
磅达	pdl	0.138 255 N
磅力	1bf	4.448 22 N
盎司力	ozf	0.278 014 N
英吨力	tonf	9 964.02 N